和谐共生

工程项目的环境保护与治理研究

樊良树 / 著

企业管理出版社
ENTERPRISE MANAGEMENT PUBLISHING HOUSE

图书在版编目（CIP）数据

和谐共生：工程项目的环境保护与治理研究 / 樊良树著.—北京：企业管理出版社，2021.12

ISBN 978-7-5164-2529-9

Ⅰ.①和…　Ⅱ.①樊…　Ⅲ.①工程项目管理－环境保护　Ⅳ.①X3

中国版本图书馆CIP数据核字（2021）第265394号

书	名：和谐共生：工程项目的环境保护与治理研究
书	号：ISBN 978-7-5164-2529-9
作	者：樊良树
责任编辑：尤 颖　黄 爽	
出版发行：企业管理出版社	
经	销：新华书店

地　址：北京市海淀区紫竹院南路17号	邮　编：100048
网　址：http://www.emph.cn	电子信箱：emph001@163.com
电　话：编辑部（010）68701638	发行部（010）68701816

印　刷：北京虎彩文化传播有限公司

版　次：2021年12月第1版

印　次：2022年7月第2次印刷

开　本：710mm×1000mm　1/16

印　张：13.25印张

字　数：140千字

定　价：68.00元

前　言

时代是思想之母，实践是理论之源。当代中国正经历我国历史上深刻而广泛的社会变革，也正在进行人类社会独特而宏大的实践创新。在良好的生态环境成为人们美好生活的重中之重以及信息生产传播方式不断发生质变的时代背景下，本书以工程项目的环境保护与治理研究为中心，以环境工程项目引发的群体事件形态、群体事件模式、群体事件发展路径为视角，探讨环境工程项目引发的环境维权群体事件发展脉络、演变趋势及风险治理体系。对环境工程项目的研究，有助于我们从社会结构、风险治理、大众心理等视角出发，围绕中心，服务大局，为当代中国可持续发展提供动力支撑。具体研究内容如下。

第一章　正视环境风险：从"污名"到"正名"。从世界范围看，20 世纪 70 年代以来，环境污染型工程项目的"污名"存在于许多国家和地区，非某一个经历工业化历程的国家和地区所独有。"现代社会的公众关注往往对特定风险（如辐射、有毒化学物）有反感抵触情绪"，这种特定的反感抵触情绪在维持环境污染型工程项目某一负面特征可见度方面"火上浇油"。民众通过对环境污染型工程项目的某一负面特征集中放大，给与项目相关的人物、技术、机构打上有害标识。在"污名"的社会放大中，民众在极短时间内形成跨越阶层差异、收入差异、教育背景差异的维权群体。环境污染型工程项目的"污名"制造了一个错综复杂、经纬交错的社会反应网络。在当前和今后一个时期，"污名"和由"污名"引发的环境维权群体事件仍将存在。如何"正名"，需要多管齐下，综合施策。

第二章 公众参与：以共识凝聚前行之力。新媒体以势不可当的势头，推动形成网络舆情，在相当程度上重塑人们传递信息、表达诉求的渠道，深刻改变当代社会舆论格局。综观已经发生的多起环境维权群体事件，新媒体既是民众的信息知情渠道、意见汇聚渠道，也是民众的意见表达渠道、群体行为塑造渠道。新媒体使民众表达对某一环境问题的关注，在线上、线下交织共振中酝酿形成环境维权群体。在环境维权群体事件从线上延伸线下的过程中，图文并茂、众声喧哗的新媒体勾画了环境维权群体事件走势，形成有目共睹的高密度报道期，强化民众巨大的风险意识。在传播格局深刻演变的情况下，新媒体语境下的环境维权动员给社会治理带来一系列挑战。有鉴于此，应在众说纷纭中凝聚共识，在众声喧哗中唱响主旋律。

第三章 "中国式邻避行动"特征。从历史的维度看，"邻避行动"是一个地区工业化、城镇化发展到一定阶段的产物。如果一个地方地广人稀，"邻避设施"选址绰绰有余，"邻避设施"与周边民众有宽广的缓冲余地，"邻避行动"就没有滋生壮大的土壤。与之相对，如果一个地方人口稠密，经济社会活动川流不息，土地价格维持在一个相对高的水平，"邻避设施"选址"捉襟见肘"，往往就面临周边民众强烈反对。因为"邻避设施"的嵌入，民众出于对身体健康、居住环境、公共安全、房屋价值的担心，极力反对在自家小区附近兴建"邻避设施"。"邻避设施"一旦建成，自家小区附近就镶嵌了一个巨大的风险变量。民众对"邻避设施"的反感，源于对风险不确定性、不稳定性的担忧。与当代中国的社会转型紧密呼应，"中国式邻避行动"呈现鲜明的本土特征，有着独特的演变逻辑，固化了"一闹就停"或"一闹就迁"的僵硬模式，其中蕴含的种种困境值得我们高度关注。

第四章 公众参与：以微信为中心的考察。对许多年轻网民而言，网络化生存趋势日益明显，他们无处不微信、无时不微信、无人不微信，"手机终端跟着人走，微信信息随着人转"已经成为当代中国信息传播的新态势。随着大数据、云计算、人工智能的飞速发展，微信利用数据为受众阅读习惯画像，再通过"智能算法"实现新闻内容精准推送，这一技术手段改变了传统媒体内容分发模式，提高了内容匹配度和精准到达率，从传统的"人找信息"变成"信息找人"。在环境维权群体事件动员的过程中，用户利用微信打造大范围的信息共享网络，刺激社会情绪、集体意识的形成，推动环境维权从线上走向线下。人在哪里，舆论工作的重点就在哪里。社会信息化时代，老百姓上了网，社情民意也就在很大程度上跟着上了网。积极应对微信动员风险，必须有的放矢，统筹兼顾。

第五章　工程项目建设难点及治理机制。在我国工业产能普遍过剩的情况下，"十年来，我国 PX 自给率从近九成跌至五成"。作为世界最大的超大型人口体和拥有庞大内需市场的第二大经济体，如果我们不生产 PX 产品，PX 产品的定价权就会受制于人，价格容易大起大落，严重影响整个产业链发展。"反 PX 行动"是当代中国社会转型的一个样本，PX 事件引发的争议和诸多不确定性"导致 PX 产能发展滞后"。其中蕴含的风险演化路径、过程模式以及经验教训，值得我们深入思考。化解 PX 建设困局，必须根据"反 PX 行动"形成规律，对症下药。①加快服务型政府建设，严格夯实环境准入门槛，以小制大，以简御繁。②以现有石化基地挖潜改造为重点，促进 PX 项目在存量基础上提质增效，严把新建 PX 项目入口关。③加强与民众的风险沟通，把集思广益、弥合风险感知差异贯穿决策全过程。④按照"谁影响、谁受偿"原则，积极稳妥推进利益平衡机制，促进 PX 项目与地方融合发展。⑤以安全生产为抓手，提升 PX 项目整体安全系数，逐步摆脱 PX 项目高风险形象。

目　　录

第一章

正视环境风险：从"污名"到"正名"

众口铄金，积毁销骨。

——《史记·张仪列传》

长期持续的进展（如环境恶化）不太可能进入新闻生产的周期，因为记者关心的是"每日新闻"。地区性事件——如溢油——也比没有"新闻看点"的事件更容易成为利于报道的危机。为了抵制这些结构性偏向，环保分子现在已经很容易并善于制造新闻事件了，既合乎紧凑的时间限制，又能凸显长期风险，还能给记者提供戏剧性图像，将核心观点裹在其中，让人看到不可见或隐藏的风险。

——（英）彼得·泰勒-顾柏、（德）詹斯·O.金编著，黄觉译：《社会科学中的风险研究》，中国劳动社会保障出版社，2010。

一、信息过程的放大

近年来，与化工厂、垃圾焚烧厂、PX 项目等环境污染型工程项目相关的环境维权群体事件频发，成为当代中国群体事件的显著特征。不同于多由某一特定社会群体如下岗工人、失地农民、民间非法集资受害者组成的群体事件，环境维权群体事件参与民众多，动员能量大，且在风险演变过程中裹挟巨大的"污名"效应。

"污名"的社会放大与环境维权群体事件规模、力度、影响互为推进，使得危害面不断有新突破、新维度。在某一起环境维权群体事件平息后，争论、焦虑依然存续，人们的恐惧心理潜滋暗长，这使得环境污染型工程项目能否兴建的不确定性、不稳定性大幅增加。2014 年 6 月 3 日，光明网刊登记者朱越采访中国工程院金涌院士的文章，摘录如下——

光明网：最早对于 PX 有很多谣言，慢慢地，有学者专家站出来把这些科学问题解答清楚了，目前讨论更多的变成了生产过程可能造成多大污染、危害。

金涌：原本社会上抵制 PX，说 PX 怎么毒、怎么爆炸、怎么危险、怎么"秒杀"，现在大家开始认识到"PX 并不可怕"，但把命题转向管理层面来反对PX，说国家的环保问题，质疑管理不严格，企业会偷排偷放，这其实是转换了概念。

拿新加坡举例，新加坡的国民支柱之一就是石化企业炼油厂，它的炼化设施集中在裕廊岛，在这个小岛上聚集着几千万吨产能的炼油厂，也包括PX厂，与市中心所在的新加坡主岛相隔不到两公里，这说明只要管理得好，就没有问题。化工企业虽有危险，但却是可知的、可防控的。

光明网：新加坡PX项目距主岛距离很近，但人们会质疑，我们国内的PX项目管理技术和设施能达到国外的水平吗？

金涌：PX项目在技术上可以保证是最先进的。举例来说，东北某城市的PX工厂，就是花了100多万美元从法国买回了全套设备，整个管理系统、软件都是法国的。去了之后你就会发现，它其实比法国PX厂现有的设备还要先进。

光明网：这个可能只是个例？

金涌：其实中石化的技术开始时也都是引进的。在世界范围内，PX技术最早被美国环球UOP与法国IFP两家公司所垄断，我国PX项目核心生产工艺长期以来主要依赖进口，为了解决专利问题，"十二五"期间，国家大力支持PX产业的工艺研发，我们（清华大学）参与部分试验，实现了生产装备的国产化。改造出来的设备，比最早的进口工艺更为先进。

光明网：大家所担心的差距不光是技术上的，还有管理上的。

金涌：在责任心的层面上，工人偷懒、违反操作规程可能造成的事故，都是管理上的问题。这些需要加强监督，提高管理水平，通过环保部门检查、政府控制、群众监督等多方面努力。

中国发展这么多年，汽车产量已是世界第一，大城市附近都有冶炼厂，基本不会出什么问题。因为一般大型冶炼厂，都有成套严格的管理制度。原因是大厂风险成本高，出现事故的损失太大，因而厂商都会去寻求最新的技术、最严格的管理，以保障安全。①

正如这篇采访文章所言，"大家所担心的差距不光是技术上的，还有管理上的"。大家担心的既有科学领域的技术问题，也有社会科学领域的管理层面问题。如此错综复杂，就使问题趋向复杂化。同样的事情，同样的环境污染型工程项目，在不同水平、不同制度管理下，呈现迥然不同的效果，甚至"橘生于淮南则为橘，橘生于淮北则为枳"。"现在大家开始认识到'PX并不可怕'，但把命题转向管理层面来反对PX，说国家的环保问题，质疑管理不严格，企业会偷排偷放，这其实是转换了概念。"

在当代中国社会，环境污染型工程项目的"污名"催生放大人们的焦虑。一听说某地将要兴建环境污染型工程项目，就群情激愤。有关部门处理此类群体事件，左右为难。如果让环境污染型工程项目落户当

---

① 朱越：《金涌院士：PX谣言始作俑者，如有良心应站出来》，光明网，2014年6月3日。

地，就将面对民众质疑。反之，如果不积极争取环境污染型工程项目，经济发展就又缺乏一定动能。毕竟，中国幅员辽阔，不同地方的自然资源禀赋不同，不同地方的经济社会发展不平衡、不充分，不是每一座城市都能产生腾讯、阿里巴巴、京东之类的互联网巨头，不是每一座城市都像海南三亚、云南丽江、湖南张家界、江苏苏州那样拥有发展旅游业的独特优势。分布在长城内外、大江南北的工业城市必须要有相应的实体经济和工程项目作为支撑。

在空间结构上，我国幅员辽阔、区域差异明显，区域互补性强，中心城市和城市群正在成为承载发展要素的主要空间形式，这种特殊的空间结构，有利于生产要素的大规模集聚，形成规模经济；有利于分工的扩大和深化，从而促进经济活动的多样化和费用降低、效益提高，形成范围经济；有利于形成优势互补、协同发展，形成梯度效应。[①]

唯有优势互补、协同发展，才能促经济、保就业、惠民生，夯实经济结构的多元稳定和抗御风险能力。环境污染型工程项目成为当代中国群体事件的着力点，这主要基于以下几点。

----

① 同心：《为什么中国经济风景这边独好》，《求是》，2020年第2期。

（一）项目具有程度不一的环境隐患，给周边民众造成相当的负面影响

环境污染型工程项目在运营建设过程中带来废水、废气、废渣，如缓慢累积、较长时滞的地下水污染，扩散外溢、明显易见的空气污染，均将风险降临在周边民众身上。我们生活在独一无二、丰富多彩的星球，地球是人类唯一家园。从时间的维度看，这些负面影响最终将扩散至整个地球生态系统，所有人都会受到或大或小的影响，没有一个人是独善其身的孤岛。在一定时间、一定空间，受到影响最大的是环境污染型工程项目的周边民众。一些隐性的环境污染，如土壤污染、地下水污染，可能持续好几个世代，通过食物链的辗转集聚，影响当地民众健康福祉和发展空间。随着环境污染型工程项目的嵌入，当地新增一个给周边民众造成心理恐慌的风险源和巨大变量，民众对此难以"事不关己，高高挂起"，对环境污染型工程项目特别关注。

（二）项目带来的风险具有强加效应，风险后果的一线接受者对这种"被强加的集体风险"尤为敏感

世界总在变化，风险无处不在。我们生活的世界可以称作风险世界。民众对常见风险，如室内空气污染（多与房屋装修材料使用有关）、不系安全带驾驶、过量使用农药、长时间静坐不动、在食品中添加更多防腐剂等耳熟能详。在日常生活中，大家知道长时间坐在电脑前会产生一些慢性疾病，这些慢性疾病一旦形成，将持续数十年，给人们的健康状况、医疗支出乃至劳动力水平、生产力水平造成负面影响。一些"牵一发而动全身"的慢性疾病有可能造成巨额的医疗费用，把人们拖入"因病返贫"的困境。即便如此，有的民众依然喜欢长时间坐在电脑前上网冲浪。民众的风险认知在衡量他们选择的个体风险（例如，人们可以用好材料简单装修降低室内空气污染）和"被强加的集体风险"（例如，在小区附近即将修建一座规模较大、产生负面环境效益的化工厂）存在明显差异，"被强加的集体风险"由外部强加。它可能是某一个经济实力雄厚的化工项目投资商，也可能是对这个化工项目寄予厚望的某个地方经济发展规划部门。"被强加的集体风险"通常被视为更严重、更直接、更急迫的风险。项目落地于经济发达、文化昌盛的人口稠密地区，这些地区的民众普遍具有较高的环境意识和权利意识，更容易形成环境污染型工程项目与周边民众"对垒"之势。

（三）项目所带来的损益不匹配制造了一个对社会回应敏感的直接或间接反应网络

如同地铁站一样，环境污染型工程项目一样为现代社会所必需，是日常生活中必不可少的一部分。不同于为当地带来人流、商机的地铁站，在地铁站附近的商铺生意兴隆、财源滚滚；也不同于为当地带来滚滚人流和信息流的高铁站，当地修建高铁站，所有人都从中获得益处，包括出行便利，交通时间的节约及与外部世界联系的方便等，"一家引进新化学药品的企业可能造成了对其他人的健康风险，但是自己却收获了大部分的经济利益。灾难引起的间接损失创造了外部性。"[①]对与环境污染型工程项目近在咫尺、朝夕相处的民众而言，环境污染型工程项目使房产价值折损，生命健康有虞。有的民众，抗御风险能力较强，可以举家搬迁，远离环境污染型工程项目带来的负面效应。有的民众，抗御风险能力较弱，终日与环境污染型工程项目为邻。损益不匹配致使民众风险认知和相关行为发生变化，一个复杂的直接或间接反应网络随之产生。

事有必至，理有固然。环境污染型工程项目的"污名"如何产生？有哪些深刻的时代原因催生环境污染型工程项目的"污名"？"污名"带来什么负面效应？如何"正名"？下面本章将进行探讨。

---

① 世界银行著，胡光宇、赵冰等译：《2014 年世界发展报告：风险与机会　管理风险　促进发展》，第 93 页，清华大学出版社，2015。

二、"污名"的演变路径

"污名"（Stigma）一词，源于位于地中海沿岸的文明古国——古希腊，指刻在人身上，表示耻辱、恶名、不好的标志。金无足赤，人无完人，世界上没有一个人完美无缺、白璧无瑕。由于历史、现实的种种原因，一些占据优势资源、强势力量的群体将表示耻辱、恶名的特征强加在另外一些群体身上，以贬低性、侮辱性的标签掩盖这些群体身上的其他特征，在话语格局中完成对权力格局的文化架构。

人是文化之人，自始至终生活在一定的言语世界中。我们在言语中认知世界、淬炼思维，搭建认知世界、描述世界的思维之桥。然而，在"污名"的持续作用下，众口铄金，积毁销骨，旁观者对这些群体形成刻板固定的偏见，久而久之，造成恶性的递减螺旋——旁观者戴着有色眼镜、固定认知观察这些被"污名"的群体，将各种优质社会资源"坚壁清野"，形成隐性或显性的垄断地位，不与被"污名"的群体共享。

"污名是一种社会特征，该特征使其拥有者在日常交往和社会互动中身份、社会信誉或社会价值受损。"[1]

背负"污名"的弱势群体不得其门而入，难以获得相应的优质资

---

[1] （美）欧文·戈夫曼著，宋立宏译：《污名：受损身份管理札记》，第12页，商务印书馆，2009。

源。时间一长，他们的自信心、进取心受到影响，无法在人生进取方面积极有为，获得相应的发展成就和社会地位。久而久之，他们深陷各种负面泥潭，"社会信誉或社会价值受损"。人生竞争力消磨殆尽，进退维谷，导致更多偏见和不公正待遇。

不同于社会结构相对简单、生产力落后的古代社会，随着现代科技的飞速发展和社会组织的繁复精细，风险如影随形，箭在弦上。

科技进步在加大技术复杂程度的同时，阻碍了公众对科技的理解，从而使人们产生了一种焦虑。[1]

"地球村"的民众乘坐飞机日益便捷，但对飞机零部件构造、原产地、生产工艺、组装流程了如指掌的人却寥寥无几。1970 年于欧洲制造业强国——法国成立的空中客车公司（Airbus），又称空中巴士，是一家高度专业化、技术化、组织化的飞机制造公司。在欧洲经济一体化的背景下，创立空中客车公司的国家包括德国、法国、西班牙、英国，是多个欧洲国家创建的一个力图与美国波音公司分庭抗礼的欧洲飞机制造公司。为了提高单位时间的生产效率，空中客车公司飞机的主要部件的生产分散在欧洲各地的飞机零部件生产基地，不同生产组织"术业有专攻"，将一件事情做到极致，生产经营专业化、成品化、模

---

[1] （美）珍妮·X. 卡斯帕森、罗杰·E. 卡斯帕森编著，童蕴芝译：《风险的社会视野：公众、风险沟通及风险的社会放大（上）》，第 108 页，中国劳动社会保障出版社，2010。

块化。如此一来，在总装线上所消耗的劳动时间只占到飞机生产全过程的 4% 左右。

空中客车公司是欧洲经济一体化的代表作。位于德国汉堡的 A320 系列总装厂，以及法国图卢兹的 A330/340 总装线，其上百万个部件经过紧锣密鼓、协调有序的高效组装运转，20 天左右就可组装一架高技术集成的客机。与其他的空中客车公司飞机机型一样，21 世纪以来，获益于快速发展的经济全球化、社会信息化，全球最大的宽体客机——A380① 零部件的生产分散在空中客车公司遍布欧洲及世界各地的工厂。有些零件来自亚洲、北美洲、南美洲等地的生产供应商。从飞机上的一颗螺栓到制作工艺相对简单的座椅，再到有着"工业皇冠上的明珠"美誉的飞机引擎，一架 A380 由全世界数十个国家、上千家公司生产的超过 400 万个独立零部件组成，可谓工业化集大成的"代表作"。

从技术的复杂程度而言，一位学富五车、功底深厚，有着丰富实践经验的工科博士也很难对诸如 A380 之类的"庞然大物"深入了解。生也有涯，无涯唯智。终其一生，受过严格训练的工科博士只能对飞机制造的某一领域有所了解，难以对飞机制造的所有问题面面俱到。由此推而广之，民众对诸如飞机、高铁、游轮、汽车、化工厂等

---

① 空中客车公司生产的 A380 是四引擎、525 座的超大型双层客机，第一架原型机于 2005 年 1 月 18 日在法国图卢兹首次公开，并于 2005 年 4 月 27 日完成首飞。2007 年 10 月 15 日，该机型首次交付新加坡航空公司，并于 2007 年 10 月 25 日投入运营。新加坡航空公司大多将 A380 投入长途空中旅行，如跨太平洋、跨大西洋航班。

现代科技的了解远远不如一位 19 世纪的农人对其亲手制作的简单农具的了解。

与我们的曾祖父母们迥然不同，我们对技术的掌控不及对其的依赖。因此，我们也就同样依赖于大批专家，他们中的大多数人我们永远都没机会遇到，更不要说控制了。通常，我们中的大多数人都认为我们可以依赖技术及负责技术的人们。比如说，每一个乘飞机去参加国际会议的人都认为，喷气飞机尽管从技术和组织结构上看惊人的复杂，但一般总能够飞跃漫长的空间距离并相当安全地降落。然而，尽管我们的经验总体上是正面的，但即使罕见的例外也可能引起深深的不安。①

不同于生产力相对落后、人们交往频率较低的古代社会，现代社会，随着知识化程度、专业化程度的提高，社会化分工日益精细，人与人之间、行业与行业之间、地区与地区之间、国家与国家之间的依赖程度愈来愈高。"隔行如隔山"，每个行业、每个领域、每个专业都有其自身的特殊性，有不同于其他行业、其他领域的独特所在。世界无限，人生有限。不是每个民众都对专业知识、专业制造及相对的技术生产组织"胸有成竹"。出于对日益增多的风险的担忧，民众赋予"污名"的对象也发生改变，不再局限于个人、群体，拓展到任何被认为是危险的

---

① （英）尼克·皮金、（美）罗杰·E. 卡斯帕森、（美）保罗·斯洛维奇编著，谭宏凯译：《风险的社会放大》，第 91 页，中国劳动社会保障出版社，2010。

事物、项目和组织。为了规避可能发生的风险，民众积极行动，多管齐下，构建环境污染型工程项目的"污名"。

（一）只见树木，不见森林，民众极力夸大环境污染型工程项目的某一负面特征，与风险有关的负面特征获得高可见度、高议论度

在风险后果发生前，风险都是尚未发生，引而未发，有可能发生的"待实现"。较大的风险发生概率不等同于风险一定发生。换言之，有可能发生风险、有很大概率发生风险不等同于必然发生风险。为了排拒环境污染型工程项目，民众选取风险链条的某一负面特征，只及一点，不及其余，简单化、聚焦化做法极大提高了环境污染型工程项目的受关注程度及争议程度。

（二）环境污染型工程项目的某一负面特征明显标记，带来整体形象污损，民众将其归为危险且不受欢迎的事物

众目睽睽，有目共睹，随着环境污染型工程项目负面特征的广泛传播，与之相关的风险密度、复杂程度及潜在影响的不确定性、不稳定性急剧增加。环境污染型工程项目落地的难度水涨船高，有关部门难以为其顺利落地"一锤定音"。面对地方民意，技术专家和地方官员从科学角度、经济发展角度解读项目，试图化解民众疑虑。

正如一些专家所言，中国发展离不开重化工项目的上马，中国工业经济正进入新的经济增长平台，重化工项目在经济增长中发挥着非常重要的作用。尤其是在能源危机的总体压力下，国家也需要这些项目解决能源问题。但这是一个总体和宏观的状况。理性地审视，可能每个人都能意识到重化工项目对一个国家的重要性，但在根深蒂固的"PX恐惧症"下，没有人愿意将这种PX项目建在自己的身边。这种"邻避心态"与对待垃圾处理厂类似：都知道一个城市必须有垃圾处理厂，但没有人希望垃圾处理厂建在自己家附近，垃圾处理厂必然遭遇附近居民的反对。①

如这篇文章所言，"重化工项目在经济增长中发挥着非常重要的作用"。但是，"污名"的持续放大使得环境污染型工程项目的负面特征集中走向前台，聚焦在媒体聚光灯下，其他特征退居幕后。技术专家和地方官员苦口婆心：技术专家更多从风险概率、技术稳定的角度向民众解释环境污染型工程项目风险的"可防可控"，地方官员向民众解释环境污染型工程项目能为当地带来一定的经济发展驱动力。然而，他们的说服效果甚微。有的时候，甚至出现这样一种情况，不同学科领域、不同行业门类的专家各说各话，言人人殊，彼此之间的观点不尽相同。

专家之间的冲突可能在普通公众中间制造来自"如果专家们都不明

---

① 曹林：《PX项目不该成一道无解的题》，《中国青年报》，2013年5月15日。

白，那还有谁会更明白？"这样一个问题的焦虑感。在这些情况下，不确定感就增强了，而风险认知随之提高。[①]

在这种情况下，民众实施一系列诘问——环境风险诘问（谁能保证当地环境不受负面影响）、技术风险诘问（谁能保证环境污染型工程项目的技术万无一失、谁能保证环境污染型工程项目永续安全运营）、社会风险诘问（谁能保证当地所有人从中受益）联合起来对环境污染型工程项目模糊界定。各种争议激发民众对未知危险的恐惧，民众的质疑不断累积、发酵。环境污染型工程项目的"风险涟漪"四处扩散，民众认为环境污染型工程项目带有天生缺陷，唯恐避之而不及。

（三）污名放大驱动效应，民众从线上走向线下，带来包括问责、抗议等在内的复杂后果

环境污染型工程项目的"污名"持续放大扩充，掩盖其他特征（包括项目的积极、正面特征），激发民众持续警觉。相关的地域、项目、企业和密集的公众关注紧密相连，"污名"的社会放大给与之相关的人和机构蒙上阴影。哪怕项目建设方出于拉动经济的好意积极争取环境污染型工程项目，在民众看来，这也是一种负面行为。

[①] （英）尼克·皮金、（美）罗杰·E. 卡斯帕森、（美）保罗·斯洛维奇编著，谭宏凯译：《风险的社会放大》，第230页，中国劳动社会保障出版社，2010。

人们可能出于自己的偏好而承担大的风险（比如高海拔登山运动），然而，他们可能发现不能接受一个别人强加在其身上的一个小得多的风险（比如在他们的住宅区附近建设一座化工厂）。^①

为了规避环境污染型工程项目的风险，民众集体表达对强加于自己身上危险的愤怒。环境污染型工程项目的"污名"制造了一个错综复杂、经纬交错的社会反应网络。大批民众集体行动，引发更大规模、更大范围的关注。有关部门动用大量资源处置，整个社会背负不菲的成本。

三、转型社会的焦虑出口

一个巴掌拍不响。从世界范围看，自 20 世纪 70 年代以来，环境污染型工程项目的"污名"存在于许多国家和地区，非某一个经历工业化历程的国家和地区所独有。"现代社会的公众关注往往对特定风险有反感抵触（如辐射、有毒化学物）"^②，这种特定的反感抵触情绪在维持环境污染型工程项目某一负面特征可见度方面"功不可没"。

---

① 世界银行著，胡光宇、赵冰等译：《2014 年世界发展报告：风险与机会 管理风险 促进发展》，清华大学出版社，2015。

② （美）珍妮·X. 卡斯帕森、罗杰·E. 卡斯帕森编著，童蕴芝译：《风险的社会视野：公众、风险沟通及风险的社会放大（上）》，第 161 页，中国劳动社会保障出版社，2010。

当代中国，与经济高速发展相伴而行的是环境污染型工程项目的"污名"。

何以在物质财富极大丰富，"有近 14 亿人口、近 9 亿劳动力、1.7 亿受过高等教育和拥有专业技能的人才"[①]，人力资本总量位居世界第一的今日中国，出现上述现象呢？

（一）互联网赋予大众更多的话语便利，民众对环境污染型工程项目"污名"相对容易

21 世纪前，中国的信息传播大体掌握在报纸、广播、电视、杂志等传统媒体手中，传统媒体把关筛选，依照严格的编辑流程对各种信息选取编辑，决定哪些新闻能上报纸杂志版面和电视屏幕、广播电台。21 世纪以来，互联网和社交媒体的大规模崛起使得人人都是信息传输者，人人都是信息发布者，个人的声音一下子变得响亮、夺目起来。

根据中国互联网络信息中心发布的第 44 次《中国互联网络发展状况统计报告》，截至 2019 年 6 月，我国网民规模达 8.54 亿，较 2018 年年底增长 2598 万，互联网普及率达 61.2%，较 2018 年年底提升 1.6 个百分点；我国手机网民规模达 8.47 亿，较 2018 年年底增长 2984 万，网民使用手机上网的比例达 99.1%，较 2018 年年底提升 0.5 个百分

---

① 同心：《为什么中国经济风景这边独好》，《求是》，2020 年第 2 期。

点。在人们接收信息由读报纸、看电视、阅杂志、听广播到上网冲浪的迅疾转换中，传统媒体对新闻报道的垄断被打破，代之而起的是流动的社会阶层、多元的价值取向及不可避免的人多嘴杂、各抒己见和对某一热点问题的"爆炸式传播"。

借助互联网所形成的资讯流通、照片分享、现场视频，个人感觉不是独自一人面对相对强势的环境污染型工程项目，他们在抱团取暖中克服孤单个体的恐惧，在互联网赋予的社交便利中聚合成群，形成声势。一旦有民众对环境污染型工程项目的安全性质疑，其他民众就闻风而动，形成一呼百应、一唱百和的广场围观效应。相隔万里，远在异国他乡的民众也有机会以高度戏剧化和揣测的语调对环境污染型工程项目发声。民众大量生产信息、传播信息，发展横向的沟通联络网络，对传统的自上而下的信息传播模式提出挑战。

普天之下，芸芸众生，与环境污染型工程项目为邻的人终究不多。绝大多数民众通过信息系统、媒体网络而不是直接个人体验来感知风险。互联网和新媒体成为环境污染型工程项目"污名"的加工形成传播地。信息传播的汹涌澎湃和报纸、广播、电视、杂志等传统媒体报道的相对滞后形成鲜明对比。常见的情形是，"污名"的声浪铺天盖地、来势凶猛，传统媒体的"正名"报道（往往是官方新闻发布会、官方新闻报道通稿）姗姗来迟。时至今日，上网设备向手机端迅猛集中，手机成为拉动网民规模增长的主要动力。人们随身、随时、随地携带手机，这也意味着民众对环境污染型工程项目的"污名"更为便捷，更容易形成"一边倒"的集体声浪。

（二）环境污染型工程项目承载了跨越地域的公平难题，民众、企业、有关部门站在各自角度看待问题，损益之间的不匹配加重民众焦虑

环境污染型工程项目可以提供一定数量的就业岗位、促进经济发展，企业和有关部门极力促进。因为地缘的关系，有人与环境污染型工程项目相隔甚远，即便发生安全事故也可以高枕无忧、纹丝不动。有人靠近项目，"城门失火，殃及池鱼"，他们的健康、房产都有深受负面影响的可能。对环境污染型工程项目激发的社会网络而言，不同的人面对风险的脆弱程度不同。大体而言，脆弱程度更多与环境污染型工程项目的距离相关。风险暴露程度使得部分民众有可能成为遭受损失的脆弱群体，他们的健康、生命陷入巨大的不确定性、不稳定性。住房价格面临明显的下跌预期，甚至乏人问津。这也意味着他们辛辛苦苦买来的住房财产有可能面临"不值钱"的尴尬境地。项目所在地承担风险后果和短时间内难以消除的负面效应，有的负面效应甚至是不可逆转的，收益却在广阔的地理空间分布——一家 PX 工厂生产化工原料，服装厂采购 PX 产品制作聚酯衣服，远销海内外，全球不同地区的消费者获益良

多。损益之间的不匹配严重阻碍项目的顺利落地。

不同于国外一些国家的环境污染型工程项目多建在相对弱势的社区，"此类社区失业率高、获取政治权力途径有限、社区选址抵制力不强，对决策的挑战能力弱"①，随着中国城市化的快速推进，越来越多的优质教育、文化、经济资源乃至就业机会在城市高度聚集，大多数城市居民受过良好教育，对互联网和新媒体驾轻就熟，他们"发声"能力更强，制造话题能力更为活跃，表达技巧更为精湛。环境污染型工程项目要在资源密集、人文荟萃、资讯发达、新闻媒体众多的城市落地，困难重重。近年来，发生在中国城市的环境维权群体事件，声势浩大，如厦门、大连、宁波、彭州、茂名等。民众联合反对，项目落地一路坎坷，往往陷入"一闹就停"或"一闹就迁"的尴尬境地。

（三）民众对可能发生的风险异常敏感，假借"污名"证明自己担忧准确无误，以此排拒风险

2007 年厦门 PX 事件后，民众显然成为决定环境污染型工程项目能否落地的重要力量。民众要求有关部门就项目的安全性承诺，有关部门

---

① （美）珍妮·X. 卡斯帕森、罗杰·E. 卡斯帕森编著，童蕴芝译：《风险的社会视野：公众、风险沟通及风险的社会放大（上）》，第 268 页，中国劳动社会保障出版社，2010。

很难做到。市场经济体制下，有关部门不是亲力亲为的生产主体，难以对项目的安全生产事无巨细、全程掌控。

面对风险与生俱来的不确定性、不稳定性，如何应对环境污染型工程项目的风险，民众在不同的选择间权衡取舍。与环境污染型工程项目相关的人或机构成为民众反复打量的对象，民众为项目"贴标签"，打上"有害"标识。如果安全事故接二连三，就会增加民众的危险记忆和对风险事件的可意象性、可描述性，强化已有的风险认知。民众进一步制造"污名"，传播"污名"，验证自己的担忧合情合理。如此一来，周而复始，反反复复，进一步加重环境污染型工程项目的"污名"。"污名"的存在，从某种程度而言，反映民众对于某些风险的普遍担忧。在利益主体多元化的今天，这种行为反映出不同利益群体对自身遭受风险的一种反应，非理性中有理性，理性中有非理性，值得我们高度关注。

四、"正名"：从社会责任到正视风险

民众通过对环境污染型工程项目的某一负面特征集中放大，使得与项目相关的人物、技术、机构被打上有害标识。在"污名"的社会放大

中，民众在极短时间内形成跨越阶层差异、收入差异、教育背景差异的维权群体。在当前和今后一个时期，"污名"和由"污名"引发的环境维权群体事件仍将存在。如何"正名"，需要多管齐下，综合施策。

（一）告知民众环境污染型工程项目为经济社会发展所必需，提倡个人利益和社会整体利益有机统一

"污名"，就其本质而言，是一种消极刻板的负面印象，而非积极进取的正面印象。民众基于环境污染型工程项目的"污名"，极力排拒环境污染型工程项目，并辅以声势浩大的群体行动。这样一种追求"小社会""小地区""小圈子"安全的心态和行为，可以理解。但是，任何事情，过犹不及。"小社会""小地区""小圈子"的"自保"心态无限放大，滋生膨胀的个人主义，侵蚀社会整体利益。正如法国政治评论家托克维尔所说，"个人主义是一种只顾自己而又心安理得的情感，它使每个公民同其同胞大众隔离，同亲属和朋友疏远。因此，当每个公民各自建立了自己的小社会后，他们就不管大社会而任其自行发展了"。①

有鉴于此，应告知民众环境污染型工程项目为经济社会发展所必

---

① （法）托克维尔著，董果良译：《论美国的民主（下卷）》，第 625 页，商务印书馆，1998。

需。作为一个有着 14 亿人口的泱泱大国，我们的经济社会发展不可能全部依靠互联网、文化产业、旅游业等第三产业，第三产业提供的就业岗位终究有限，必须要有一定数量、一定比重的重化工工业，才能使我们国家的经济结构更为多元，抗御外部风险的能力更强，释放更多的就业岗位。就业是民生之本，牵动千家万户。民众也能获得相应的发展权益和发展机会。民众在享受现代文明相关便利的同时，必须承担相应的责任。"不能把个人利益、个人权利和个人价值置于社会首位，而应把社会整体利益、整体权利、整体价值置于社会首位，在这个前提下保障个人权利，实现个人利益和个人价值。"① 地方政府和企业可对环境污染型工程项目附近民众定向精准提供一些就业岗位、教育培训、健康补偿金、公共服务设施，在保障社会整体利益的前提下保证个人权利，化解建设阻力。

（二）杜绝零风险承诺，引导民众正视项目可能发生的风险

从技术层面看，风险为发生事故的可能性和造成一定后果的严重性。智者千虑，必有一失。任何时候，环境污染型工程项目不存在绝对安全，不存在百分百的零风险，这是应该承认的事实。在工业制造发达、技术水平高超的德国、日本，也有一定数量的安全生产事故。我们

---

① 秦刚：《中国特色社会主义制度的比较优势》，《中共中央党校学报》，2015 年第 6 期。

发展生产，进行经济建设，不可能因噎废食、裹足不前。世界上的工业生产没有绝对安全，只有动态的相对安全。正如一位船长不可能永远等待大海风平浪静之后才能扬帆远航。然而，民众在环境维权中要求有关部门为环境污染型工程项目安全背书，这使得环境维权陷入一种困境——有关部门运用风险评估、风险分析等工具决定项目能否兴建，这些不足以预测民众对风险的可能反应。许多时候，被技术专家评估为微小概率的风险一样能造成突如其来的安全事故，造成巨大的社会影响和连锁反应。迫于"保稳定"压力，难以承诺项目零风险的有关部门只能叫停项目。

环境污染型工程项目落地面临一系列难题，有关部门仍应杜绝承诺零风险。因为安全生产难以避免的不确定性、不稳定性和民众对风险根深蒂固的忧虑等原因，社会信任的成本非同寻常的高。随意承诺零风险，一次安全事故就可令所有前期努力付诸东流。信任的建立非一朝一夕之功，需要长年累月的投入和经营。对环境污染型工程项目的兴建——

需要由对风险更为敏感，更为负责任、专业化、精致化的投资主体和机制发挥更多的作用。①

与此同时，以实事求是、开诚布公的精神将关系民众切身利益的安

---

① 刘世锦：《实现转型再平衡要"过三关"》，《国家行政学院学报》，2015 年第 5 期。

全评价、环境评价广而告之，既不掩饰可能发生的风险概率，也不一味承诺项目的高安全性、高稳定性，坦诚相待，真正把相关问题讲清楚、说明白，引导民众正视可能发生的风险。

（三）构建全民环保科普体系，为环境污染型工程项目建设"正名"，提倡公共利益与个人利益的有机统一

一些民众抱着"千万别建在我家后院"的"邻避心态"对一些有利于公共利益但可能在一定范围内有负面影响的环境污染型工程项目排拒。如果任由"邻避心态"四处泛滥，那么其负面影响不容小觑。人间者，人与人之间也。社会为无数个人的结合。个人利益无限放大，凌驾于公共利益、集体利益、国家利益之上，给当地的可持续发展带来隐患。现实生活中，每一个人都产生数量不一的垃圾，且不欢迎垃圾处理场建在自己的身边。然而，一个没有垃圾处理场的城市是难以想象的。

构建全民环保科普体系必须立足中国国情。单纯认为环境至上、个人利益优先，无异于舍本逐末、缘木求鱼。任何一个人在享受现代生活便利的同时，必须承担相应的义务和责任。权利和义务相辅相成，密不可分。从日常生活中的一点一滴做起，不以善小而不为，节能降耗，成为绿色生活的实践者、守护者、宣传者，而不是一边环境维权，一边大手大脚，铺张浪费。从根本而言，建设生态文明必须从节约资源这个源头抓起。"扬汤止沸不如釜底抽薪。"要在全民中树立尊重自然、爱护自然、保护自然、节约资源就是增加资源的理念，促进精益求精、精打细算，将相关的资源使用到极致，发挥出水平。

与此同时，以环保科普教育为抓手，为 PX 项目、垃圾焚烧厂等环境污染型工程项目"正名"，改变目前民众一谈 PX 项目、一谈垃圾焚烧厂就闻之色变的局面。刻板的印象具有消极的性质，会使人先入为主，产生顽固的偏见，为环境污染型工程项目的开工构筑一道无形的高墙壁垒。环保科普教育不是万能的，也绝不是包治百病的万灵丹，但没有环保科普教育是万万不能的。有关部门应向民众传达风险能防、能控的理念，而不是"拍胸脯""打包票"，随意承诺项目零风险、零污染。系统完备的环保科普教育不仅能使项目建设方、民众、有关部门三方求同存异、达成最大程度的共识，摆脱成见的束缚，也能在一定程度上化解环境污染型工程项目的建设阻力。

（四）为不同利益相关方搭建平台，以信息的流动促进项目的"正名"，追求各方都能接受的最大公约数

有关部门、技术专家、民众站在各自角度看待环境污染型工程项目的风险强度、风险概率，这是社会转型的正常现象。毕竟，不同利益相关方的立场不同，观察视角和利益诉求有所不同。有差异、有争论很正常。如果讳疾忌医、沉默应对，任由各种质疑发酵，"污名"就会给社会带来较大压力。简单压制不同的声音，追求"纯而又纯""整齐划一""方方正正"的一种声音，效果未必很好，甚至适得其反、南辕北辙。有关部门搭建平台，让不同利益相关方的意见交流激荡、相互制衡，如此既展现环境污染型工程项目风险管理的复杂，也是"新时期群众工作"的必然要求。

社会稳定，民心稳定。做好区域社会稳定工作是环境污染型工程项目健康发展的前提。有关部门要切实做好区域社会稳定风险防控工作，完善环境污染型工程项目评估程序，强化运作规范，全面分析论证。决策前采取座谈会、听证会、论证会、学术研讨会等多种方式充分听取社会公众意见，特别是注重听取环境污染型工程项目利害关系人的意见和建议。加强环境污染型工程项目各环节的信息公开，一切在阳光下清清楚楚、明明白白运行，实行项目核准、备案和审核上报前公示制度，保障社会公众及时、充分了解环境污染型工程项目的进展情况。

为充分听取公众对建设项目的意见和建议，更好地执行国家有关环境保护的方针政策，2019 年 11 月 22 日上午，郑州正兴环保能源有限公司在辛店镇镇政府 5 楼会议室召开了郑州（南部）环保能源工程项目环境影响评价公众参与座谈会。

参加本次座谈会的人员有：新郑市环保局、新郑市自然资源和规划局、新郑市城市管理局、新郑市辛店镇镇政府、人大代表等，以及欧阳寺村、赵家寨村、贾岗村、北靳楼村、铁炉村、南李庄村等周边村庄群众代表；建设单位郑州正兴环保能源有限公司和环评单位江苏润环环境科技有限公司的代表共计85人。会议首先由辛店镇副镇长致辞，建设单位介绍了本项目的建设背景及概况、工艺流程等基本情况，并由环境影响评价单位介绍了本项目的主要环境影响及环境影响报告书的相关内容。其次，各参会政府单位对项目建设和环境影响评价工作提出意见及建议。最后，参会村民代表对该项目的环境影响情况进行了深入讨论、积极发言，最终通过建设单位与环境影响评价单位的讲解，使公众消除疑虑，本项目公众参与座谈会圆满结束。通过本次座谈会，与会代表提出了以下几点意见和建议。

（1）城市管理局表示对项目建设的支持，鼓励会上群众代表充分发言，为项目建设提出合理化的要求和意见。

（2）环保局要求建设单位严格落实各项环保措施，将项目对周边环境影响降至最低。周边群众对项目的建设和日常运营做好监督，保证公众参与的真实性和有效性。

（3）公众对项目所排废气表示关切，希望企业做好项目废气、废水的环境污染防治工作，认真落实各项环保措施，尽量减轻对区域环境质量的影响，不要让废气、废水危害到周边居民健康及农作物生长，减少废气的无组织排放等。

（4）公众和环保部门代表希望加强项目运行管理，加强防范措施，减少粉尘外漏等。

对于公众提出的意见和要求，建设单位对公众承诺严格执行建设项目"三同时"的管理规定，承诺将在项目建设及运行过程中严格落实环评报告书所提的各项措施和要求，加强管理，加强防范措施，确保达标排放，力争把该项目建成一个环境友好型项目。①

通过举办座谈会、咨询会、听证会、网络论坛等方式，给不同的利益相关方搭建理性表达的平台。真相越辩越明。偏激情绪化的声音趋于沉寂，理性建设的声音会占上风。不同利益相关方互相说服、互相矫正。环境污染型工程项目建设方也会集思广益，无形中增加"力争把该项目建成一个环境友好型项目"的压力和动力。在这个过程中，需要以适当方式放大理性建设性的声音，缩小孤立偏激情绪化的声音，在"一"和"多"之间寻找最佳结合点。不同利益相关方虽然认知有差异，但"有些差异可以通过工作加以限制、缩小乃至转化"。②"只有这样，我们才能有效协调个人利益和集体利益、局部利益和全局利益、眼前利益和长远利益的关系，弥合分歧、形成合力，从而夯实应对风险挑战的社会基础。"③

① 郑州市城市管理局：《郑州（南部）环保能源工程环境影响评价公众参与座谈会会议纪要》，郑州市政务服务网。此会议纪要为公开发布的政务信息，不涉及任何保密信息。

② 李瑞环：《学哲学 用哲学（下）》，第609页，中国人民大学出版社，2005。

③ 曲青山：《深刻认识党的十九届四中全会的重大意义》，《前线》，2019年第12期。

（五）建设多元化利益表达渠道，降低街头环境维权发生概率

在环境维权群体事件中，身处群体中的个人盲目从众，环境维权群体事件性质有可能摇身一变，成为满载各种社会情绪甚至不法行为的"温床"，带有一定程度的对抗性、冲突性。

基于环境维权群体事件数量短期内难以骤降的现实，实现应急管理工作关口前移，构筑富有弹性和韧性的缓冲地带，能有效降低环境维权群体事件的发生概率。在社会流动性大幅加强的今天，目前中国民间调解的功能有所下降。但作为城镇居民重要的生活空间，社区的调解功能不容小觑。以完善社区调解为抓手，辅以行政调解、司法调解联动的工作体系，畅通民众表达诉求、协调利益、保障权益的渠道，把问题消化、解决在基层和社区，使矛盾不激化、不上移、不拖大。

服务型政府的社会管理应发挥公民的理性参与、有序参与的作用，实现公民自我管理、自我服务、自我发展。[1]建设多元化的利益表达渠道，让民众通过正常的渠道依法理性表达诉求。民众可以心平气和与有关部门、环境污染型工程项目建设方就问题谈问题，以"坐下来谈"的方式化解矛盾，达成共识。面对民众的利益诉求，有关部门、企业对合情、合理、合法的要求应千方百计予以满足。对确实解决不了的实际问题要耐心解释，不开空头支票，不做超越能力范围之

---

① 沈亚平、李洪佳：《服务型政府建设中社会管理创新研究》，《兰州大学学报》，2013年第5期。

外的事情，尽力而为，量力而行，让民众真切感受到"坐下来谈"也能卓有成效。

（六）积极介入网上舆论，刚柔并济，压缩 "污名" 滋生的土壤

综观以往发生的多起环境维权群体事件，民众的质疑声浪裹挟大量谣言，一些地方的网络管理者以删帖、关闭论坛等方式应对。这种简单的做法，在一定程度上导致网络参与向更加极端的方向发展。在注意力日益稀缺的今天，部分网络媒体为了吸引读者眼球，也开始迎合环境污染型工程项目"污名"所带来的标签化，甚至文题不符，断章取义。

当"网上舆论场"的一般性信息铺天盖地，重要性骤增，做好网上舆论工作是一项长期任务。主流媒体思想深刻、权威到位，对用户具有增进知识、凝聚共识价值的优质内容弥足珍贵。主流媒体应积极主动介入热点话题，快速回应。首先，设置媒体议程，引领民众关注，推动舆情发展。主流媒体要以强烈的使命感、责任感，干在实处，走在前列，下先手棋，主动为环境污染型工程项目"正名"，以正视听。越是价值多元、众声喧哗的时代，越需要夯实主流价值观，越需要主动设置媒体议程。实现媒体议程与公众议程的统一，实现主流媒体报道与社会思潮引领的有机融合。其次，建立新闻发言人制度，让理性、权威的声

音覆盖不同行业、不同年龄、不同阶层的民众。主流媒体联系面广，和社会贤达及方方面面的专业人士有着良好互动。主流媒体要慧眼识人，主动引进"外脑"，做到不求所有，但求所用。新闻发言人不必局限于官员，可以邀请有建树、有影响、有真知的专业人士、新阶层人士[①]踊跃发声，用喜闻乐见的语言、生动活泼的方式回应民众关切的问题。再次，借助专家学者在答疑解惑方面深耕细耘，在热点事件中指点迷津，争取绝大多数民众的理解和支持。专家的专业解读应该中立客观、有理有据、不偏不倚，防止简单讲述沦为照本宣科的"传声筒"。专家的精彩解读"讲什么"，进而影响人们"想什么""如何想""如何看"。最后，善于从瞬息万变、变动不居的舆情中找出苗头性、倾向性问题，化解偏激情绪，反对极端话语。网络是虚拟空间，但不是不受法律制约的法外之地、舆论飞地。网络是无形的，但运用网络空间的主体是有形的。网民可在网络张扬个性，表达意见建议，但必须尊重事实，对自己的一言一行负责。对一些明显对社会有较大负面影响的极端言论、恶意"抹黑"项目的偏激言论，应明确制止、依法处理。

---

① 新阶层人士是指新经济组织、新社会组织等新兴业态及新的社会群体，也是伴随中国经济社会高速发展快速成长起来的一个新的社会群体。新阶层人士一般包括民营企业和外资企业的技术人员和管理人员、社会组织从业人员（包括律师、会计师、风险评估师、税务师、公众号运营者、专利代理人等提供知识性产品服务的社会专业人士，以及社会团体、基金会、民办非企业单位从业者）、自由职业人员（指不供职于任何经济组织、事业单位或政府部门，在国家法律、法规、政策允许的范围内，凭借自己的知识、技能与专长为社会提供某种服务并获取报酬者）、新媒体从业人员（指以新媒体为平台或对象，从事或代表特定机构进行投融资、技术研发、内容生产发布及经营管理活动者）。

第二章

公众参与：以共识凝聚
前行之力

听舆人之诵。

——《左传·僖公二十八年》

城市化、工业化、世俗化、民主化、普及教育和新闻参与等，作为现代化进程的主要层面，它们的出现绝非是任意而互不相关的。

——（美）萨缪尔·P.亨廷顿著，王冠华等译：
《变化社会中的政治秩序》，上海人民出版社，2015。

包括垃圾处理，PX 项目都存在邻壁效应。要破除邻避效应一定要公民参与，公民有话语权让它发挥，这个是民主社会必然的趋势。政府、企业、专家、公民大家联合组成一个协调委员会，有什么话深度沟通，沟通最后一定是积极的结果。而我们现在恰恰没有或者很少往这地方下功夫，所以现在又说要发展又不敢往前发展，这种状态比较尴尬。

——杜祥琬：《破除核电邻避要沟通，现在却做得很少》，
澎湃新闻网，2016 年 8 月 9 日。

一、新媒体成为公众参与的重要媒介

当代中国的环境维权群体事件以年均 29％的速度递增。[1]与这一波澜壮阔、影响深远的群体事件紧密呼应，迅猛增长的新媒体如同一双"看不见的手"，有力塑造环境维权群体事件的走势、规模及运行机制。有学者统计指出，在人类历史上，传播媒体普及 5000 万人，收音机辗转用了 38 年，电视机前后用了 13 年，互联网用了 4 年，微博只用了短短 1 年 2 个月。

"提速降费"推动移动互联网流量大幅提升，用户月均使用移动流量达 7.2GB，为全球平均水平的 1.2 倍；移动互联网接入流量消费达 553.9 亿 GB，同比增长 107.3%。与此同时，台式电脑、笔记本电脑、平板电脑的使用率均出现下降，手机不断挤占其他个人上网设备的使用。以手机为中心的智能设备，成为"万物互联"的重要基础，手机网民的上网黏性、上网时间与多元化需求与日俱增。包括手机在内的新媒体在普及率提升的同时，民众的使用频率水涨船高。一部随身携带的手机即时采集、制作、传播信息，为环境维权者广泛迅速动员提供前所未有的便利。

---

① 潘岳：《和谐社会目标下的环境友好型社会》，《资源与人居环境》，2008 年第 7 期。

"舆"字的本义为车厢或轿。这两种交通工具乃"渡"人的工具。中国幅员辽阔，既有世界最高峰——珠穆朗玛峰，也有广阔无垠、地势低洼的冲积平原。由此处到彼处，由"我者"到"他者"，"舆"便利众人，由此延伸为众人提供桥梁及相应联系。

《左传·僖公二十八年》中有"听舆人之诵"。说的是一个人，尤其是管理众人之事、为大众谋福利的为政者，不能闭目塞听、坐井观天、画地为牢，必须兼听则明、兼收并蓄、耳聪目明。很重要的途径就是，听与民众有紧密互动的舆人说些什么，了解社会发展脉动和民众所思所想。在收集舆论的基础上不断调整政策，更好为民众服务。

《晋书·王沈传》中写道："自古圣贤，乐闻诽谤之言，听舆人之论。"其是指圣贤不应将刺耳的声音拒之门外，而应虚怀若谷，广泛听取不同方面的意见和建议。"良药苦口利于病，忠言逆耳利于行。"对圣贤而言，广开言路、虚心纳谏是一件为人称道的德政。倾听不同方面的声音，调动方方面面的积极性、主动性、创造性，进而更好为民众谋福祉。

"舆论"作为一个词组，最早见于《三国志·魏弟·王朗传》："设其傲狠，殊无入志，惧彼舆论之未畅者，并怀伊邑。"这里的舆论指的是公众言论，带有普遍看法、普遍认识的意蕴。

从古至今，人们的社会行为是对信息搜集、整理、判断、决策的过程。人类社会发展每一阶段，不同类型、不同层级的信息传播都为社会运转的重中之重。人是文化之人，自始至终和不同的文化信息网络交相往返。作为一种无形的文化软权力，谁拥有信息，拥有信息生产传播的主导权，谁就获得相应的社会权力。

"信息权力超越传统权力成为比传统政治权力更有活力的权力。"①

在纸质媒体时代，社会信息化程度较低，信息搜集整理不易，这在相当程度上增大了信息的制作传播成本。"一个上午看一份报纸""全国人民读一份报纸""一座城镇听一家广播台播音"，这样的情形在当时是家常便饭。较低的城镇化水平和人口流动率，使大批民众横向或纵向联系不易，人们对信息的需求处于"有什么、读什么""有什么广播、听什么广播"的状态。就作者记忆所及，20世纪80年代，获取信息的渠道主要是当地的新华书店及当时为数不多的黑白电视机、广播站。位于信息传播结构顶层的信息制作者，他们大多位于经济发达、政治文化资源集中的城市（如该国的政治中心——首都、省会城市等），对各种媒体资源和信息传播保持相当程度的掌控，推动公共舆论的形成，塑造人们对事物的普遍看法，对社会施加有形或无形的影响。

媒体是传承人类文明、推动经济社会交流的重要载体。新媒体在短时间内异军突起，与它"接地气""惠民生"的特性分不开。从某种

---

① （美）尼葛洛庞帝著，胡泳等译：《数字化生存》，第16页，海南出版社，1996。

程度而言，新媒体使"人人都是新闻传播者""人人都是信息发布者"成为现实。新媒体携带的技术便利激发一直信奉"沉默是金""少说为妙"的草根群体，唤醒他们亲自参与社会表达、推动社会进程的意愿。

技术便利促进社会变革。在纸质媒体时代，一位民众要表达自己的观点，需要向报纸、杂志、电视台、广播台投稿，且要面对层层把关审核。有的时候，即使这位民众的稿件花费很大心血，未必能及时刊发。发表时间过长，甚至时过境迁，使稿件的时效性、针对性大打折扣。在新媒体时代，这位民众如果想要表达自己的观点和态度，可以充分利用互联网和智能手机提供的便利，使自己的所思所想在任何时间、任何地点与广大读者"零时差"见面。

在新媒体时代，信息富余且流动迅速，信息传播方式由一点对多点变成多点对多点，由自上而下的垂直传播变成四面八方、多点发送的散状传播。"网络实现了官僚制度下永远无法实现的横向联系。"[①] 在一定的技术条件保障下（注：有电力网络、通信网络），任何人在任何时间、任何地点都可以成为新媒体舆论生成的起点。传播"去中心化"，为各种信息前赴后继、蔚为大观打开方便之门，信息无人不用、无处不在、无所不及，导致媒体格局、舆论生态、传播方式、生活方式发生深刻变化。

---

① （美）约翰·奈斯比特：《大趋势改变我们生活的十个新方向》，第201页，中国社会科学出版社，1984。

各种信息层出不穷，信息再加工、再传播乃至变形、变异屡见不鲜。在纷繁浩荡的信息之流及错综复杂的环境维权酝酿过程中，各种来源、各种背景、各种力量的信息交融汇通，形成一条浩浩荡荡的信息河流，每一级链的自然信息都在利益的主导下渗透了社会因素，转化为信息权力。[①] 人人都是信息发布者、问题提出者、事件质疑者，在条件成熟时跻身为环境维权者。

近年来，从厦门到大连，从成都到茂名，从番禺到杭州，中国的环境维权群体事件爆发频率高、参与民众多、社会影响广。一系列环境风险往往通过新媒体曝光被强烈放大进而加剧民众的普遍关注。相较于较为漫长且有层层审核把关的纸质媒体新闻生产周期，新媒体融合文字、图片、音频、视频等多种表现形式，信息发表的门槛大幅降低，舆论形成周期大为缩短。尤其是突发事件"零时差"，数小时之内就能在移动媒体上形成涟漪式传播甚至"病毒式传播"。[②]

一条关于突发事件的信息，从出现到形成舆论热点，周期正变得越来越短，以前我们讲事发之后的4小时是政府舆情处置的黄金时间，现在来看，"黄金一小时"的说法都稍显过时。[③]

---

① 杨英：《信息政治中的权力现象分析》，《法制与社会》，2008年第21期。

② 李扬：《打好舆论引导"主动仗"》，《红旗文稿》，2020年第2期。

③ 蒲晓磊：《网络舆情形成周期缩短，删帖已形成完整产业链》，《法治周末》，2014年4月2日。

世界总在变化，变化带来不确定性、不稳定性。新媒体成为我们日常生活中密不可分的一部分，它以其传播速度快、互动性强、覆盖率高、发布信息便捷等特点对政治、经济、文化、社会等方面产生巨大影响，越来越多的个人成为新媒体使用者，不再单纯是信息消费者、阅读者，更是主动参与其中的信息生产者、创作者、传播者。

新媒体以势不可当的势头，推动形成呼啸而来的网络舆情，在相当程度上重塑人们传递信息、表达诉求的渠道，深刻改变当代社会的舆论格局。综观已经发生的多起环境维权群体事件，新媒体既是民众的信息知情渠道、意见汇聚渠道，也是民众的意见表达渠道、群体行为塑造渠道。新媒体使民众轻易表达对某一环境问题的关注，迅速形成"生命第一""健康至上"理念，在"线上""线下"的交织共振推进过程中酝酿形成强大的环境维权群体。

在环境维权群体事件从"线上"延伸"线下"的过程中，图文并茂、众声喧哗、互动便利的新媒体如何塑造环境维权群体事件的走势，形成有目共睹的高密度报道期，激发民众巨大的风险意识？在传播格局深刻演变的情况下，如何应对新媒体语境下的环境维权动员？本章拟对这些问题进行探讨。

二、信息建构与塑造

现代社会需要化工厂、垃圾处理场、垃圾焚烧厂之类的环境污染型工程项目。为了化解建设阻力，有关部门一般采取两种方式：一是在项目开工前将安民告示发在地方报纸或某个地方部门网站；二是构建风险沟通机制，向民众解释环境污染型工程项目可能存在的风险。

在新媒体时代，第一种方式隐含相当的风险。如某位民众发现在匆匆推出安民告示后，它在自己的朋友圈、老乡圈、同事圈传播，遵循现实生活中既有的人际关系网络，引发大规模的点击评论。一石激起千层浪。民众热议相关内容，勾勒、考虑环境污染型工程项目可能给当地带来的风险图景和风险概率，短时间内形成人人无法回避的热点话题。过了这样一个时间关口，民众认为有关部门发布安民告示"走过场""走程序"，被排拒在政府决策之外，产生一种"信息剥离感"。

社会是一个过程，一种具有意识的个体之间互动的过程，正是人与人之间的互动才构成了现实的社会。①

不同媒介产生不同类型、不同效率的互动，为"人与人之间的互

---

① （德）盖奥尔格·西美尔（Georg Simmel）著，林荣远译：《社会学——关于社会化形式的研究》，第 51 页，华夏出版社，2002。

动"奠定基础，创造媒介环境。在纸质媒体时代，有关部门迟滞安民告示发布时间，规定信息流通渠道，可加强信息控制和信息走向。在新媒体时代，与环境污染型工程项目相关的消息刚刚发布，信息传播便在短时间内形成燎原之势。与之相关的民众置身其中，难以冷眼旁观。民众将个体感知的风险告知他人，环境风险、技术风险和社会风险联合起来对环境污染型工程项目模糊界定，与风险有关的特征获得高可见度。"风险的社会放大"持续发酵，导致环境污染型工程项目的"污名"。在"污名"的作用下，民众极力凸显"不要将环境污染型工程项目建在我家后院"之类的利益诉求。新媒体信息传播的低成本、低门槛使信息流裹挟的动员潜能在短时间内转化为民众的集体行动。

从近年的情况看，在开工前很短时间发布安民告示的做法已不多见，有关部门通常采取第二种方式——向民众解疑释惑，论证环境污染型工程项目建设的必需性。一些地方政府在开工前向民众科普教育，试图化解建设阻力。例如：2014 年，广东茂名——

针对当前公众极度关注 PX 项目和茂名 PX 项目仍处在科普阶段的实际，4 月 3 日下午，茂名市科协联合茂名市老科协在丰年大厦举办 2014 年 PX 科普讲座。茂名市老科协、茂名市老科技专家咨询论证委员会、茂名石化老科协理事及委员，以及茂名市科协全体干部职工近 50 人参加。

讲座上，茂名市老科协石化资深专家、茂名重点项目推进办公室领导以"芳烃项目为茂名工业发展带来新机遇"为主题，用通俗易懂的形式讲解了"PX是什么""PX安全性如何""PX主要用途是什么"等知识，并阐述了PX产业的重要性和对经济发展的意义。参加科普讲座的老科技工作者表示，这个讲座开得很及时，让他们学到了知识，拓宽了视野，对于社会关注的PX工业也有了更深的认识。[①]

答疑释惑、科普教育等方面的工作委实做了不少，但民众依然反对环境污染型工程项目，其中原因值得深思。从风险控制的角度而言，诸如PX项目之类的环境污染型工程项目，可以精工细作、精益求精，将风险无限趋近为零。即使技术之精、措施之严、设备之好、培训质量之高，但任何一个国家的环境污染型工程项目的运营都难以做到"零风险"。这既有人的因素，如："智者千虑，必有一失"。人对科学世界、技术世界的认识难以面面俱到，也不可能一劳永逸，毕其功于一役。在人的因素之外，还有一些不可控的自然因素，如地震、海啸、泥石流、洪水等自然灾害所带来的不可抗力。一旦自然灾害影响环境污染型工程项目的地质基础，环境污染型工程项目也难以做到全身而退，毫发无损。

不确定性、不稳定性和风险相伴相生，这是我们应该承认的常

---

① 茂名市科协：《茂名举行 2014 年 PX 科普讲座》。

识，也是必须面对的基本功课。现代社会，究其本质而言，是一个风险社会。风险是客观存在，其释放有相当的不确定性、不稳定性。俗话说，天有不测风云。为了规避未来可能发生的风险，民众集体发声，希望环境污染型工程项目离自家越远越好。这种集体心态应该给予理解。

在新媒体时代，信息互动的力度、频率大大增强。大量信息并非来自第一手的信息源，而是产生于信息的交流往返中。为了判断、印证自己对信息的把握及对风险的排拒态度，民众在新媒体空间聚集成团，反复构建、论证、述说环境污染型工程项目的"污名"。

"信息流成为公众反应的一个关键因素，并充当了风险放大主要原动力的角色。"[①]

从历史的角度看，"污名"是对既有社会秩序、社会格局的冲击与消解。"众口铄金，积毁销骨。""污名"的负面效应不容小觑，它给环境污染型工程项目带来种种负面印象，增加环境污染型工程项目落地运营的难度。环境污染型工程项目不可能建设在荒无人烟处，要和周边地区、周边社区不同的人"打交道"。如果周边的反对声浪咄咄逼人，环境污染型工程项目很难落地建设。

---

① （美）珍妮·X. 卡斯帕森、罗杰·E. 卡斯帕森编著，童蕴芝译：《风险的社会视野：公众、风险沟通及风险的社会放大》（上），第87页，第88页，第156页，中国劳动社会保障出版社，2010。

"没有规矩，不成方圆。"一个运转有序的社会需要使人信服的威望和权威。"纪律和发展是携手并进的。"[①]在纸质媒体时代，"我说你听"——我说什么，你听什么；"我写你看"——我写什么，你看什么，信息发布者在信息传播中具有相当的控制监测权，无形中成为民众行为边界、认知世界的看守人。一位民众，即便他对环境污染型工程项目有再多看法，如果不能在纸质媒体发声，就会面临"不出版即死亡"的尴尬，传播力量局促一隅，对社会秩序的冲击甚微。

在新媒体时代，伴随民众诉求表达渠道、信息发表渠道的拓展，人人都是信息发布者。新媒体传播突破物理限制，所有数据可视化，在手机、电脑、平板等电子设备同步呈现。"人人都有麦克风"，人们参与的广度、深度大幅拓展，民众的权利意识、维权意识被大幅唤醒。传统媒体的居高临下、一言九鼎并非无往而不利。环境问题不分老年、中年、青年，具有动员民众的巨大潜力。在涉及民众环境权益的问题上，民众通过新媒体聚合，跨越原有的社会阶层差异、收入差异、教育背景差异，迅速聚合成团。

民众对环境污染型工程项目的质疑已经形成，如果向民众做解释工作的人学养不够、资历不深、分量不足，民众将解释者的论说以显微镜的方式仔细打量，寻找破绽，以戏说、调侃的方式只及一点，不

---

① （美）萨缪尔·P. 亨廷顿著，王冠华等译：《变化社会中的政治秩序》，第19页，上海人民出版社，2015。

及其余——如"你说环境污染型工程项目安全，项目建在你家附近好了。""你说环境污染型工程项目这样好，为什么民众还要反对？"面对这种诘难，专家的解答难以一锤定音，无法给民众吃下定心丸。因为科技不可避免地存在不确定性、不稳定性，仁者见仁，智者见智。甚至，"专家之间的争辩容易提高公众对真相的不确定性感，增加对风险是否真的被认知的疑虑，并能降低官方发言人的可信度。如果公众已经开始对风险产生恐惧，那么他们很有可能对专家间的分歧更加关注。"[①]

囿于种种原因，官方媒体往往强调环境污染型工程项目能为当地提供就业机会、拉动经济增长、增加地方财税收入，却难以确保环境污染型工程项目的安全性、稳定性。技术专家苦口婆心、谆谆教诲，难以保证项目"零风险"。不时发生的安全事故更是加深了民众对项目不安全的刻板印象，侵蚀民众对专家解读项目的可信度。"我信谁""我该信谁"，成为民众环境维权的重要问题。

为了排拒环境污染型工程项目，信息传播者夸大其词，对环境污染型工程项目"贴标签""泼脏水"，信息传播真伪难辨，泥沙俱下，雾里看花。如果没有让民众信服的权威声音在其间发挥作用，充满质疑的

---

① （美）珍妮·X. 卡斯帕森、罗杰·E. 卡斯帕森编著，童蕴芝译：《风险的社会视野：公众、风险沟通及风险的社会放大》（上），第87页，第88页，第156页，中国劳动社会保障出版社，2010。

民众不断涌入新媒体空间，潜伏其中的集体情绪、价值倾向会对现实生活产生多重影响。一种常见的集体情绪就是，民众认定环境污染型工程项目有多重负面效应，集体情绪相互暗示感染，原本理性的思维方式分崩离析，容易衍生为对抗式的环境维权群体事件。

三、公众参与信息建构的基本特征

当代中国，以不确定性、不稳定性为主要特征的风险文化渗透许多公共议题。新媒体的快速发展使传统的信息权力结构受到挑战，每一层级的信息链"添砖加瓦""突如其来"，成为信息链中更高的层级。越来越多的民众尤其是青少年习惯于通过手机、网站等新媒体获取信息。① 伴随着民众与新媒体互动频率的加深，新媒体成为民众环境维权动员的重要媒介。环境污染型工程项目将要开工的信息在新媒体甫一发布，纷至沓来的各路评论、消息源源不断，引发民众大范围的持续关注，民众"常以高度简单化和概括化的符号对特殊群体与人群所做的社会分类，或隐或显地体现着一系列关

---

① 2018 年 5 月 31 日，由团中央维护青少年权益部、中国社科院社会学研究所、腾讯公司联合发布《中国青少年互联网使用及网络安全情况调研报告》指出，接近半数的青少年每天上网时间控制在两小时以内，24% 的青少年每天上网时长达到 2～4 小时。

乎其行为、个性及历史的价值、判断与假定"。^①新媒体集中展现民众的风险情绪、风险感知，"线上""线下"形成彼此呼应的信息、情感和行为联动。

综观新媒体语境下的环境维权动员，通常具有以下特征。

（一）话题发起者以捍卫家园、"我的家园我做主""为孩子留一方净土"为话题主轴，激发民众的参与热情

安居方能乐业。家园与民众生活息息相关，为安身立命之所在，任何一个人都不会坐视家园遭受环境威胁。

"唇亡而齿寒，门破而堂危。"环境污染型工程项目兴建，项目周边环境受到负面影响，房产价格有可能形成明确的下跌预期。"我的家园我做主"，环境维权者以此类号召作为动员切入点，抓住聚焦点和民众"最大公约数"，很容易唤起民众对环境污染型工程项目的关注。

2013 年 7 月，广东鹤山民众以"要孩子，不要核子""保卫美丽侨乡"为号召"逼停"了鹤山核燃料项目。2016 年 8 月，江苏连云港民众以类似口号抗议核循环项目，引发大规模环境维权群体事件。为了高效动员民众，环境维权动员的第一波声浪通常聚焦于此，释放出巨大的

---

① （美）约翰·费斯克等编撰，李彬译注：《关键概念：传播与文化研究辞典》（第二版），第 273 页，第 274 页，新华出版社，2004。

劝服力量，为后续的环境维权带来深远的情感共鸣，赋予先声夺人的道德正当性。

（二）话题活跃者多强调环境污染型工程项目的负面效应，催生民众恐惧，制造恐惧

现代社会，人们每天都在拥抱变化和不确定性、不稳定性。在一个变是永恒、各种风险层出叠见、屡见不鲜的世界，人们更加渴望安全感。安全感，就是渴望安全、稳定的心理需求，也就是精神上有所依赖和支持。安全感是对可能出现的对危险或风险的预感，以及个体在应对处事时的有力或无力感。

"大风起于青萍之末。明者见之于未萌，识之于未发。"追求安全的过程不会一蹴而就，从某种意义而言，是民众对相关信息认知、确认、决策的过程。新媒体颠覆了纸质媒体时代的信息不对称。纸质媒体时代曾经掌控的"舆论主场"变成了众多新媒体声音争先涌入的"舆论广场"。在新媒体空间，话题活跃者你追我赶，反复强调环境污染型工程项目的负面效应，不仅没有失去听众之虞，相反，基于民众对安全感的天生追求，这样一种声音的调门越高、越强，受感染民众的阵容越大，排他性、排异性也就越强，越能形成相对稳定、诉求相对单一的环境维权群体。信息传播环境单一化、简单化，其他声音（哪怕是相对理

性和建设性的声音）难以在此有立足之地。高度情绪化的传播环境为民众投身环境维权聚集大量人气，民众加剧惯性偏见，即按照一种固定化、程式化的倾向去认识事物、认识世界。

（三）集体情绪发酵形成群体极化效应，"生命第一"的思维取向构成其思维核心，群体决策容易激进

具有匿名、流动、开放、互联等特性的新媒体，为个体集聚和意见表达创造条件。群体成员一开始就有某些惯性偏见和意见倾向，在相互感染和相互影响后，人们更加容易朝偏向的方向移动，形成一边倒的观点。

在参与爆炸、众声喧哗的新媒体空间，个体随波逐流，处处随大溜，看别人的脸色，生怕自己的行为与大多数人不同。屈从于集体意志，自我主张默默无闻、悄无声息。在信息爆炸的环境下，民众参与的热情极度高涨，信息扩散呈裂变态势。一些人自恃"法不责众"，失去理智，跨越日常行为边界。群体极化效应增强群体内聚力，群体的情感和判断趋向整齐划一。在这种情况下，"一边倒"的群体更加激进，群体决策更加极端。因为群体决策分散单个人的决策责任，任何一个人用不着单独对最终决策负起责任，形成人人应该负责而又无法负责、事后也难以追责的特定局面。

（四）新媒体为民众串联整合提供便利，降低集体行动门槛，放大集体行动的规模效应

新媒体打破纸质媒体新闻生产层层把关、耗时费日的局面。在纸质媒体时代，一则新闻从作者到责任编辑，再到总编辑或者报纸编委会、杂志编委会，需要经历较为漫长的时间。在新媒体时代，信息的来源更为纷繁多元，信息反馈更为便捷灵活，大幅放大集体行动的规模效应。

新媒体语境下的环境维权动员主体具有以下两种趋势。一是大众化趋势，即反对环境污染型工程项目的力量不仅来自潜在的环境污染受害者，也有可能来自当地声望颇高、拥有一定政治经济资源的人大代表、政协委员、企业家、政府官员、专业技术人员等。对这座城市民众而言，环境污染型工程项目落户当地，有可能使当地房价形成明确的下跌预期，这是大家不希望见到的。二是脱离地域化趋势，甲地发生环境维权群体事件，乙地、丙地、丁地民众也可为其声援，在网络上形成一呼百应、交相往返的局面。民众集体表达诉求，人手一部随身携带的手机，既可发布图文并茂的音频、视频信息，又便于彼此之间的互动联络，开展大规模的协同行动。民众将相关信息发到全国主流网站，引发全国范围内的主流媒体跟进报道和更多人关注。凡此种种都极大降低环境维权群体事件的动员门槛。尤其在社会利益格局变动带来的利益诉求增多的情况下，很有可能出现环境维权群体事件与社会热点问题交织叠加，导致突发舆情、次生舆情发生频率不断增强，叠加效应不断增大。

（五）群体极化效应滋生非理性行为，网络谣言应运而生，遮蔽事实真相

在群体极化效应的作用下，新媒体就像一个相对封闭、相对闭环的巨大回音室，沉浸其中的民众置身于相近的看法或行为中，个体有一种自己的声音或行为被放大并被广泛认可的错觉。在这样一种特定的空间，理性、建设性的声音被淹没，愤怒的情绪和行为更容易被分享传播。

一些发言者信誓旦旦，"语不惊人死不休"，故作危言耸听的惊人之语。他们刻意夸大环境污染型工程项目的负面效应。部分别有用心者制造谣言，捏造事实，发泄不满，甚至把水搅浑，浑水摸鱼，"以闹取利"。网络谣言扩散，事件真相扑朔迷离。新媒体时代实现了信息传播的"零时差"。对于那些想通过新媒体了解事件真相的人而言，这样一道斑驳林立、眼花缭乱的信息幕墙，增加了他们了解事件的难度。在没有新的权威消息出现前，一些民众有可能成为谣言的受众和传播者，进而将舆情进一步发酵。

（六）公共危机平息，负面信息仍不时在新媒体中流动，可能引发新的环境维权群体事件

对绝大多数民众而言，他们通过信息系统而不是直接体验来感知环境污染型工程项目所带来的风险。中国之大，与环境污染型工程项目为邻的人终究是少数。在纸质媒体时代，"不报道""不争论"可将负面消息屏蔽，进而压缩"风险涟漪"和次生舆情的生成土壤。在新媒体时代，民众随时随地发布信息，出现了全员媒体、全息媒体。"人人都有麦克风"，人人都可发布信息，一波未平，一波又起。一些人捕风捉影、添油加醋，加固民众对环境污染型工程项目的刻板印象。民众认为环境污染型工程项目带有与生俱来的污点，唯恐避之而不及。"树欲静而风不止。"在新的环境污染型工程项目开工前，当地民众很有可能以先行者为师，集体努力将环境污染型工程项目排拒在外，将其视为地方民意的胜利。

四、在众说纷纭中凝聚共识

近年来，与环境危害有关的环境维权群体事件逐年增多，"环境纠纷进入司法程序的不足 1 ％"。① 1 ％，这是一个非常微小的比例，也就是说，大约 100 件环境纠纷，进入司法程序的不到 1 件。其余的环境纠纷都在司法程序外周转，这增大了有关部门的处置成本。裹挟在新媒体浪潮中的民众以"滚雪球"式的信息传播和快节奏、高强度的集体围观，带来环境维权群体事件的曝光。环境维权者"你方唱罢我登场"，隐形情感迅速演进为脚踏实地的显性行动。"不闹不解决，小闹小解决，大闹大解决"成为部分民众的心理预期。

时移世易，生生不息。新媒体变为重要的舆情生成空间、信息传播阵地、大众传媒空间。与新媒体相对，报纸、杂志发行量大幅下滑。20 世纪 90 年代，许多优秀杂志，如甘肃人民出版社主办的《读者》、新华社主办的《半月谈》，每期发行量都在 100 万份以上。鼎盛时期，《半月谈》发行量突破 500 万份，有"神州第一刊"的美誉。如今，中国发行量超过 100 万份的杂志已经不多。与此同时，电视台、广播台走向小众传播，难以吸引社会中的所有群体。曾经盛极一时的"黄金时间""黄金频率""万人空巷""全城看一部电视剧""全城听一部广播剧"② 的盛景难再现。迅猛发展的新媒体不断蚕食传统媒体的舆论空

---

① 倪元锦、邓华、何伟：《聚焦环保维权"三大难"》，新华网北京 2014 年 6 月 5 日电。

② 20 世纪 80 年代、90 年代，许多优秀电视剧，如《西游记》《红楼梦》《三国演义》，引发万人空巷、家喻户晓的轰动效应。这种轰动效应，一方面因为电视剧的优秀创作团队和优秀创作品质等多重因素叠加的优势，另一方面也受惠于中央电视台强大的媒介影响力。当时，许多中国家庭没有手机、电脑，看电视成为人们获取信息的重要方式。全国人民，家家户户，天涯共此时，同看一部电视剧，构成大家永恒的美好记忆。

间，带来突如其来的舆情传播。

从历史的角度看，新媒体本身无所谓好与坏，无所谓强与弱，其是一个中立的技术平台、传播平台。为我所用，良性发展，可以引导社会热点、塑造公众心理预期，疏导公众集体情绪，保障人民知情权、参与权、表达权。对新媒体一味严防死守，效果未必很好，甚至适得其反。在可以预见的将来，随着民众环境意识、维权意识、表达意识的不断增强，环境维权群体事件的数量、频率、规模将在高位运行。新媒体语境下的环境维权动员给社会治理带来一系列挑战。有鉴于此，应在众说纷纭中凝聚共识，在众声喧哗中唱响主旋律。

（一）向民众普及科学知识，提高环境污染型工程项目的管理运营水平，积极化解民众的刻板印象、排拒心理

所谓"一坏百坏"，"如果风险与某个团体的技术、活动或产品相关，就很容易导致媒体格外仔细的审视和社会冲突"。[1]

"风险的社会放大"占据主要信息空间，引发民众持续警觉，民众以多种方式抗拒环境污染型工程项目。在这种情况下，由有关部门发起的科普教育通常具有"救急"的性质，时间紧、任务重，难以在规定时间将相

---

[1]　（美）珍妮·X.卡斯帕森、罗杰·E.卡斯帕森编著，童蕴芝译：《风险的社会视野：公民、风险沟通及风险的社会放大》（上），第156页，中国劳动社会保障出版社，2010。

关问题说清楚、讲明白。民众对"救急"式的科普教育并不十分领情。

"当抽象系统尤其是专家系统无法满足'品行方面的可靠性'和'知识技能的准确性'双重保证时，无疑会引发人们对专家系统的信任危机。"[①]功夫在平时，预防是最好的治疗。建立常态化的科普教育机制，"随风潜入夜，润物细无声"，能在相当程度上化解民众对环境污染型工程项目的刻板印象、排斥和抗拒心理。通过持之以恒的科普教育，使民众深知以下几点。

（1）环境污染型工程项目为现代社会所必需，并非可有可无的点缀品，也并非离城市越远越好。任何时期，环境污染型工程项目的选址都有合情合理、大家都能相对接受的区间。垃圾处理厂离城市太远，将增加垃圾运输、处理的成本，产生运输中的二次污染。所有这一切由所在城市的全体民众承担。生态负担由民众赖以为生的土地和生态系统承受。任何一个人或单位都不可能成为一座与世隔绝的孤岛，不可能独善其身。

（2）世界上的环境污染型工程项目难以做到"零风险"，但风险可防、可控、可治，能通过精细管理、精密运营、精准设计使风险无限逼近为零。在"风险无限逼近为零"的过程中，民众对环境污染型工程项目的信心和接纳度也会随之提升。信任是无价之宝。环境污染型工程项

---

① 张昱、杨彩云：《泛污名化：风险社会信任危机的一种表征》，《河北学刊》，2013 年第 2 期。

目的建设运营"风险无限逼近为零"，这是良性发展的社会能够通过自己的工业运营能力、管理水平可以达到的境界，也是中国工业制造能力、生产能力、管理运营能力"更上一层楼"的显著成绩。

（3）民众在享受现代生活便利的同时，也须承担相应的义务。事情有大道理，也有小道理。社会有"大利益"，也有"小利益"。在保证公共利益前提下追求自家后院的"小利益"，不能将"小利益"无限放大。这是我们应该承担的社会责任，也是我们应该承认的社会常识。在此基础上，不断提高环境污染型工程项目的管理运营水平，逐步消融民众对项目的排斥和抗拒心理。

信任的建设非一日之功。"现在社会的信任度，包括公民对专家的信任度，对政府的信任度，都出现了很大的问题，这需要一个沟通的过程，我觉得这些问题如果大家心平气和地深度沟通是可以解决的。"[1]重建民众信任不会轻而易举，也不可能毕其功于一役。"为山九仞，功亏一篑。"[2]任何侵蚀信任的事件都会阻碍应该得到信任的进程。唯有持之以恒地安全生产、尽心尽力地精细运营和"心平气和地深度沟通"才能重建信任，化解建设阻力。

---

① 杜祥琬：《破除核电邻避要沟通，现在却做得很少》，澎湃新闻网，2016 年 8 月 9 日。

② 《尚书·旅獒》。

（二）治理关口前移，建立舆情预警机制，在事件起初阶段有效遏制舆情危机蔓延

有效的科普教育和持之以恒的安全生产能降低环境维权群体事件的发生频率，但应该看到，在突发事件和热点问题易发、多发的情况下，新媒体舆情的爆发带有一定的突然性、偶然性。在中国城镇化、工业化还将继续深入推进的情况下，许多城市人多地少，遴选环境污染型工程项目建设用地"左右为难""进退失据""动辄得咎"，这将是当前和今后一个时期我们面对的常态。许多刚融入城市尤其是北京、上海、广州、深州等一线城市和杭州、成都、武汉、郑州等二线城市的年轻民众面对高高在上的房价，置业尤为不易。他们咬紧牙关，动用"全部收入"才能勉强有自己的容身之所。同其他年龄段的民众相比，这些年轻网民对环境污染型工程项目的负面效应更为敏感。环境污染型工程项目使他们的房产价值大幅折损，使他们的家庭财富大打折扣。稍有一点儿风吹草动，这些对新媒体驾轻就熟的年轻民众就有可能在新媒体空间凝聚共识，传播诉求。此类话题与民众身体健康、房产价值息息相关，燃点低，关注广，民众可以迅速制造话题，传播话题，实现信息的网状传播。

舆情始终来源于现实生活，体现的是一个地区的社情民意，混杂着理性和非理性成分。舆情并不可怕，可怕的是舆情的泛滥、失控，进而

影响社会心理预期和社会行为走向。若对负面舆情处置不当，情绪化的表达就会在新媒体空间无限放大，形成"一边倒"的单一声音。民众从"线上"走向"线下"，秉持"法不责众""法不制众"等理念，滋生逾越法度的非理性行为，此之谓"人言可畏""舆情伤人"。

在网络时代，新闻信息的传播与以往相比发生了极大变化。通常而言，报纸的报道周期按"天"计算，报道"昨天"的事；电视的报道按"小时"计算，聚焦"今天"的事；网络报道的时间则精确到分秒，随时记录"此刻"的事。在网络时代，如果对一些新闻事件不能第一时间做出反应、在恰当时间给予回应，就可能时时落后、处处被动。①

在现实工作中，一些部门不重视"舆论引导黄金窗口期"，对于需要马上回应的事情"打太极拳""等等再看""等等再议"，等到新媒体舆论纷纷扰扰、形成气候时才发出声音，丧失宝贵的舆论工作主动权。新媒体舆情的产生自始至终源于丰富多彩、奔涌不息的现实生活。面对五光十色的新媒体舆论，动辄采取封堵、视而不见、听而不闻等方式，导致矛盾激化、事态扩大。有鉴于此，有关部门应该做到以下几点。

（1）紧密跟踪，锁定焦点。舆情管理者应耳聪目明，眼观六路，

---

① 马利：《做好网上舆论工作的时代指引》，《人民日报》，2013 年 11 月 27 日。

耳听八方，重点关注网络社区、论坛、微博等新媒体舆情生成的主要载体，了解民众所思、所想、所盼，及时研判蕴含其中的苗头性、倾向性、普遍性问题。敏锐察觉有关舆论的风起、风向和风潮，及时锁定是非界限的模糊点，及时聚焦群众利益的矛盾点，以科学分析舆情为抓手促进有关部门科学决策，做到胸有成竹、心中有数，及时引导公众认知。要把防范化解舆情风险和做好相关工作有机融合，紧密关注舆情动态和走向。

（2）及时回应，答疑释惑。有关部门在第一时间及时发布并更新信息，成为第一个为事件"画像"，第一个为事件"定音"的人，会对后期事件成功处置产生积极影响。按照"快报事实，慎报原因，重报态度，续报进展"的原则，有条不紊、快速跟进报道。在第一时间发布真实、准确、权威的信息，用实事求是的态度回应民众质疑，解答民众疑惑，抢占先机，获取主动。对确属自身存在的问题，有则改之，用真诚的态度和实际行动赢得广大民众的理解和支持。"但这里也要注意，重视'时'并不是越快越好，做出快速反应并不等于匆忙表态。有些新闻事件刚刚发生，后续究竟如何发展还有待观察，如何选择时间节点进行舆论引导要根据舆情变化做出调整。"① 对一些确因历史遗留、短时间内难以查明真相的事件，要将每一阶段、每一步骤的调查工作的实时情况向民众公布，防止负面舆论扩散。

---

① 马利：《做好网上舆论工作的时代指引》，《人民日报》，2013 年 11 月 27 日。

（3）表达准确，用语严谨。在完整、充分了解事实的基础上，既尊重民意，又不为舆论裹挟。对于民众的合理关切，用真实表达、真正行动来回应。在舆论引导工作中要做到用语准确，对什么时候说，说哪些内容，怎么说这些内容，都胸有成竹，切忌"差不多先生"、模棱两可、大而化之。对于那些尚未调查清楚的事件，不能"急就章"，想当然发表意见。说什么，不说什么，都要依据事件性质及大局统筹兼顾。实事求是，有一份证据说一份话，有十份证据说十份话。

（三）积极培养环境议题方面的"意见领袖"，加强新媒体舆论的引导能力

欲先影响社会，必先影响新媒体。新媒体是社会进步、科技创新的结果，拥有强大的生命力，对新媒体舆论简单打压或一味指责民众"不明真相"，不是解决问题的办法。另外，一味围追堵截、严防死守，不仅成本巨大，而且有可能面临"漏网之鱼"、防不胜防的尴尬。新媒体使用者涵盖老中青幼等群体，他们来自现实生活的方方面面，带有相当广泛的代表性。他们上了网，民意也就跟着上了网。

新媒体的快速发展改变了纸质媒体时代"媒介把关""舆论控制"等概念的内涵，也为负面信息的滋生打开方便之门。积极培养环境议题方面的"意见领袖"，有效捕捉、分析、引导新媒体舆情。要积极培养术业有专攻、走精准化路线的"意见领袖"，利用他们在专业领域内的深厚积累和良好学术声望，实施"意见领袖"①同以下三方面的良好互动。

（1）加强同民众的有效互动。"意见领袖"生产精准短小、生动形象的信息，有针对性地及时推出高质量信息产品，做到量身定做、精准传播，主动搭建与民众的互动沟通平台，在互动中参与，在参与中传播，让民众畅所欲言，提高舆论引导的实效性，使舆情朝着积极稳定的方向发展。通过观点的交流碰撞，疏导民众情绪、化解矛盾，将情绪化的意见和舆论引导到适当轨道，营造有利于解决问题的氛围，积极推动事件朝着可预期、可控制的方向发展。

（2）提升同传统媒体的精准互动。"随着互联网快速发展，包括新媒体从业人员和网络'意见领袖'在内的网络人士大量涌现。在这两个群体中，有些经营网络、是'搭台'的，有些网上发声、是'唱戏'

---

① "意见领袖"是由传播学者拉扎斯菲尔德在20世纪40年代提出的概念。"意见领袖"并不集中于特定的群体或阶层，而是分布于社会各阶层中，与被影响者一般处于平等关系而非上下级关系。"意见领袖"是在团队中构成信息和影响的重要来源，并能左右多数人态度倾向的少数人。因其消息灵通、精通时事；或足智多谋，有真才实学；或在为人处世方面可圈可点而获得大家认可从而成为民众的"意见领袖"。"无专精则不能成，无涉猎则不能通也。""意见领袖"要对追随者产生影响力，不仅要信源广阔、真实，还要有较强的理论阐释和解读能力，在某些专门问题上要"广学而博，专一而精"。

的，往往能左右互联网的议题，能量不可小觑。"①

"意见领袖"持之以恒地将自身影响力扩展到整个包括传统媒体在内的"舆论场"而不是仅仅局限在"新媒体舆论场"。"意见领袖"以正面宣传为主，多加油鼓劲、鼓舞士气；成风化人、凝心聚力，为不同"舆论场"沟通融合搭建桥梁和纽带，为不同人士形成共识创造条件。"意见领袖"弥合缩小对立冲突，以民众喜闻乐见的方式传达相关信息，增进社会共识，弥合差异，以良好的专业素养、个人操守、精准表达赢得民众信任。这能有效避免官方舆论场、民间舆论场"各行其道""各说各话"，减少社会资源的不必要损耗。

（3）完善同其他"意见领袖"之间的真诚互动。"意见领袖有见地、有代表性的发言，一般被网络版主用醒目的字号和色彩加以强调，放在网页的突出位置，以强化主流言论，孤立非主流言论。"②"意见领袖"在网络议题转化为公众议题的过程中有一定的影响，特别是在对受众感知度上，网络"意见领袖"的行为显著影响到受众对事件的感知度、认知度。当信息流更为畅通地到达受众时，"意见流"的传播就显得更为重要，能够收到事半功倍、举一反三的效果。

---

① 中共中央党史和文献研究院编：《习近平关于总体国家安全观论述摘编》，第116页，中央文献出版社，2018。

② 陶文昭：《重视互联网的意见领袖》，《中国党政干部论坛》，2007年第10期。

（四）认真区分，审慎对待，分类施策，严防个别人或团体操纵网络民意

在环境维权群体事件处置过程中，对于民众的善意批评、理性建议应给予充分尊重，及时协调相关职能部门回应，做到事事有着落、件件有回音，将其转化为推动社会进步、可持续发展的良好契机。群众利益无小事，一枝一叶总关情。对于一些实在难以解决的具体问题，也要把具体情况说清楚、讲明白，争取民众的理解和支持。对于民众出于健康担忧的情绪发泄，应给予一定的缓冲空间，不宜一味严防死守、寸土不让、针锋相对，让新媒体充分发挥社会"减压阀"的作用。"把握好网上舆论引导的时、度、效，使网络空间清朗起来。"①

今日中国，社会结构发生巨大变迁，不同社会群体的利益诉求繁复多元，这是社会发展到一定阶段的产物。与环境维权相关的新媒体空间，不乏个别人或团体出于商业利益或一己之私兴风作浪，恶意炒作，将新媒体空间变成谣言扩散的重灾区。个别人或团体打着环境维权的幌子，以谩骂、煽动、"恶搞"操纵网络民意，形成咄咄逼人的"网络暴力"。面对这种失范无序，应该积极防备，严格依法依规办事，杜绝"网络暴力"、网络谣言与现实社会的共振。根据舆情性质、影响程度等因素分级评估网络舆情，是有效应对网络舆情的关键。对绝大多数

---

① 习近平：《习近平谈治国理政》，第 198 页，外文出版社，2014。

民众，有关部门要晓之以理、动之以情，摆事实，讲道理，倾听合理诉求，争取绝大多数民众的理解与支持。对极少数操纵网络民意的个别人或团体要针锋相对，及时采取措施，避免事态进一步蔓延。

第三章
"中国式邻避行动" 特征

用众人之力，则无不胜也。

——《淮南子》

均衡的社会不仅考虑现在的人类价值，而且也考虑未来人类的价值，并对由有限的地球造成的不能同时兼顾的因素做出权衡。

——（美）德内拉·梅多斯等著，李涛、王智勇译：《增长的极限》，机械工业出版社，2013。

一、"邻避设施"催生"邻避行动"

"别建在我家后院"（Not In My Back Yard，NIMBY），简称"邻避"。"邻避"这一社会学概念于 20 世纪 70 年代由西方学者首先提起。作为工业社会、消费社会发展到一定的"副产品"，民众反对在自家住处附近建设任何带有潜在危险或令人心灵不悦之设施，辅以多种方式，如集会、抗议、申诉乃至抗争等，"邻避行动"由此应运而生。

现实生活中，"邻避设施"[①]通常包括垃圾焚烧厂、化工厂、变电站、火葬场、精神病院、屠宰场、监狱、加油站、医疗废弃物处理厂等。"邻避设施"的功能和负面效应如表 3-1 所示。

表 3-1　"邻避设施"的功能和负面效应

"邻避设施"	功能	负面效应
垃圾焚烧厂	在"垃圾围城"的情况下，垃圾焚烧厂处置与日俱增的生活垃圾，可以"减量化、无害化、资源化"，有利于当地经济社会发展	垃圾焚烧产生有害气体、有害废水及灰渣和粉尘，给周边民众造成一定的负面影响，且有可能形成房价下跌的心理预期
化工厂	从事化学工业的专门工厂。如果生产的产品供销两旺，可以拉动地方经济，提供足够多的就业岗位	化工厂造成空气、水和噪声污染，破坏生态及由此引发相应的健康问题

---

① 本章中，"邻避设施"等同于环境污染型工程项目。

续表

"邻避设施"	功能	负面效应
变电站	对电压和电流进行变换，接受电能及分配电能的场所。在发电厂内的变电站是升压变电站，其作用是将发电机发出的电能升压后馈送到高压电网中	有人认为，变电站及其周边有一定剂量的电磁辐射，对自身健康、居住质量带来潜在的负面影响
火葬场	提供人体火化的场地，一般和殡仪馆在一起。火化有益于节约大量不可再生的土地，有益于当地可持续发展	有人认为，房子周围有火葬场会导致家里福气下降，还会影响家人心理健康
精神病院	由于一些经济社会原因，随着精神病患病率的提高，精神病院的建设势在必行。精神病院能治病救人，有利于精神病人集中救治、集中隔离	可能导致精神病院附近居民生活质量的下降、社区形象的恶化等诸多负面影响
屠宰场	专门加工肉类，为城镇居民提供肉类食品的地方，有益于食品加工业和居民福祉	有人认为，屠宰场造成视觉心理不适、社会服务设施的超负荷运转
监狱	关押、改造罪犯的场所	监狱给周边的居住小区带来资产价值损失及负面观瞻
加油站	为汽车加油的专门场所，通常包括油库及其附属设施	加油站油库年久失修，有可能造成大气污染、地下水污染，并有潜在的消防安全隐患
医疗废弃物处理厂	对医院内部产生的对人或动物及环境具有物理、化学或生物感染性伤害的医用废弃物品和垃圾的处理工厂	处理批量的废化学试剂、废消毒剂、含汞体温计、病原体的培养基、标本和菌种、毒种保存液等高危险废物，有可能对环境造成负面影响。有些负面影响可能需要很长时间才能完全消除

资料来源：作者根据公开的资料整理。

这些"邻避设施"为当地经济社会发展所必需，因为历史、现实、文化、大众心理等原因，与周边环境"格格不入"。以化工厂为例，虽然化工厂生产的化工产品能满足民众衣食住行、婚丧嫁娶等多方面需求，但是一旦其发生安全生产事故，就会为当地环境带来明显的负面影响，引起外界对当地的负面评价，进而对当地民生产生不同程度的负面影响。

2016 年 8 月 11 日，时值盛夏，骄阳似火，湖北省当阳市马店矸石发电有限责任公司热电联产项目在试生产过程中，发生高压蒸汽管道事故，造成 22 人死亡、4 人重伤。当阳为荆楚大地赫赫有名的三国古遗址所在地，拥有长坂坡、玉泉寺铁塔等众多知名景点。这些名胜古迹每年都吸引大批慕名而来的世界各地游客，为当地经济发展和居民就业助益颇多。这一安全事故突如其来，对当地旅游业造成一定的负面影响。2017 年 5 月，经调查认定，这是一起生产安全责任事故，共有 14 人被追刑责。

一个时代有一个时代的生产建设，一个时代也有一个时代的文化心理和社会风俗。"别忘了，每个社会也都有自己的'解忧念珠'，也有我们选择经常要念叨的特定风险。"[1] 一些"邻避设施"，如火葬场，对周边环境影响甚微，且以火化方式节约大量不可再生、不可复制、不

---

① （美）珍妮·X. 卡斯帕森、罗杰·E. 卡斯帕森编著，童蕴芝译：《风险的社会视野：公众、风险沟通及风险的社会放大》（上），第 95 页，中国劳动社会保障出版社，2010。

可人工制造的土地，是社会文明进步的重要体现。"民以食为天。"吃饭从来就是一个国家、一个民族的头等大事。只有土地才会长出庄稼和粮食。"但存方寸地，留与子孙耕"。放眼寰球，土地为财富之母，不可再生且不可重得，是每个国家、每个民族、每个人安身立命所在。如果大家都追求入土为安，逝世后修建一定规模的墓地，将占用宝贵的土地财富，影响人们的农业生产和基本生计。但是，在许多人看来，与火葬场为邻很不吉利，是一件没有面子和降低社会地位的事情。

人是文化和环境的产物。各种经济社会文化因素交织作用，塑造我们对环境及环境污染型工程项目的认知。"在发展中国家，小型企业（如小冶炼厂、小矿山）、农业区域和有毒废弃物处置场所周边的化学混合物，常常对人体健康造成危害。例如，世界上大约60%的冶炼厂在发展中国家，而发达国家则进口金属。据报道，冶炼厂周围已经出现了癌症和神经心理紊乱等健康问题。例如，在墨西哥的托雷翁，在铅冶炼厂附近生活的儿童中，有77%的铅水平是标准水平的两倍。"①

"邻避设施"嵌入当地，民众有可能遭受空气污染、水污染、噪声污染、心理紧张、心理压抑等。如上述材料所言，"在墨西哥的托雷翁，在铅冶炼厂附近生活的儿童中，有77%的铅水平是标准水平的两

---

① 联合国环境规划署：《全球环境展望4：旨在发展的环境》，第319页，中国环境科学出版社，2008。

倍"。传导效应所致，房产价格、小区价值波动，包括身体健康在内的民众利益受损。与化工厂之类"危险的邻居"或火葬场之类"令人不悦的设施"相伴，潜在购房者对这一地区望而却步。

人为各种社会关系的总和。从社会反应网络而言，"邻避设施"制造一个复杂的社会反应网络。经济实力雄厚者另觅他处，远离令人不安的环境污染型工程项目。经济全球化、社会信息化时代，像候鸟一样定期往返于不同地方，并非什么难事。经济实力不宽裕者，囿于种种羁绊，在原有小区就地徘徊，与"邻避设施"朝夕相伴。原有地区的房产价值大幅损耗，沦为不受欢迎的地区。日久天长，这一地区的房产价格逐渐固化为乏人问津的洼地。有的住宅小区无人过问，人烟寂寥，沦为各种教育文化资源非常单薄的弱势社区。

"邻避设施"有益于社会整体利益，较好满足社会需求。从时间轴来看，"邻避设施"的存在价值随着社会发展愈加明显。根据联合国预测，在未来20年内，全球人口将增长1/4，世界将多添15亿张嗷嗷待哺的嘴。一个人从出生到生命的终点，需要仰仗相应的资源环境。这些资源环境既有土地、水、食物，也有道路、购物设施等。到那时，我们将要建造更多的房子满足新生人口的安居乐业，建设更多的交通网络满足人们的出行需求，与此同时，越来越少的耕地将承担越来越重的种植任务，养活越来越多的人口。

随着世界不同地区不同程度的老龄化进程[①]，人口死亡后，将占用一定面积的墓地，出现"死人与活人争地""死人墓地占据建设用地""死人墓地占据生态用地"的情况。2016 年发布的《2014—2015 中国殡葬事业发展报告》显示，中国每年死亡人口大约 800 万，火化率约 50%。一半左右的人口依然采用传统的土葬方式。由于土地资源短缺，大部分地区现有墓穴将在 10 年内用完。在此背景下，很多地区存在墓地资源短缺、墓地价格节节攀升等问题。换言之，火葬场建设势在必行，且公共墓地的面积也必须精打细算、精益求精，做到真正可持续。

万丈高楼平地起。"邻避设施"不会建设在空中楼阁，必须落地运营，其负面效应集中影响于某一地区民众。民众秉持"别建在我家后院"的心态集体反对。当大利益遇到小利益、大集体遇到小团体时，"邻避行动"难以避免。

时代潮流浩浩荡荡。从历史的维度看，"邻避行动"是一个地区工业化、城镇化发展到一定阶段的产物，也是时代进步、文化发展的产

---

① 从老龄化程度而言，在当前和今后一个相当长的时间，东亚地区（如中国、日本、韩国）、欧洲地区的老龄化程度较重，一些国家新生婴儿出生率更是维持在一个相对较低的水平。一些地理空间狭小、人口基数单薄的老龄化国家，为了维持经济增长，必须引进一定数量的外来劳动力。相对而言，非洲地区的年龄结构相对年轻，有大量青年人和充裕劳动力。这对非洲来说，既是机遇也是挑战。机遇，即大量青年人为非洲带来充沛活力；挑战，就是说如果非洲经济不能充分发展，为青年人提供充足的就业岗位，大量失业的青年人将是社会不稳定的重要因素。

物。一个地方地广人稀，"邻避设施"选址绰绰有余，"邻避设施"与周边民众有宽广的缓冲余地，"邻避行动"就没有滋生壮大的土壤。与之相对，一个地方人口稠密，经济社会活动频繁，城镇化水平较高，土地价格维持在一个相对高的水平，"邻避设施"选址就会"捉襟见肘"、左右为难，往往面临周边民众强烈反对。

在世界范围内，"邻避行动"于 20 世纪 70 年代发轫于工业化发达的欧洲和北美地区，后传播到亚洲的日本。伴随亚洲四小龙[①]（韩国、新加坡、中国香港地区、中国台湾地区）经济的起飞，"邻避行动"镶嵌于这一波工业化、城镇化浪潮中。20 世纪 90 年代以来，随着全球产业链、价值链、生产链的重组分配，上述经济体产业大规模外迁[②]，许多需要占用相当土地的制造业搬迁到劳动力成本、土地成本、交通成本相对低廉的第三世界国家，"邻避行动"在上述地区发生的频率大为减少。

---

① 亚洲四小龙，是指中国香港地区、中国台湾地区、新加坡和韩国。在冷战时期，这些经济体充分利用西方发达工业国家向外转移资源密集型、劳动密集型产业的机会，吸引大量外资和技术，重点发展劳动密集型的加工产业，如玩具业、服装业等，推行出口导向型战略。加之，这些经济体的人民普遍勤奋，热爱学习，重视教育，善于运用各种机遇，迅速走上经济发展、民生改善道路。

② 20 世纪 90 年代以来，欧美及亚洲"四小龙"的制造业大量外迁。一方面，这一时期，中国处于劳动人口占比快速攀升的"人口红利期"和改革开放政策密集落地的"快速发展期"，承接大量非核心技术工序和零部件生产，大大加速我国工业体系的发展。另一方面，"世界工厂"——中国向世界出口大量产品，也衍生一定数量的工业污染。产品出口在外、工业生产在内的方式，一定程度上也将污染留在国内。

改革开放以来，中国经历了世所罕见、规模庞大的工业化进程、城镇化进程，人民生活水平大幅提升。作为立国之本、强国之基的中国制造业持续快速发展，建成了独立完整、门类齐全的工业体系。在这一波澜壮阔的工业化进程、城镇化进程中，也发生多起环境维权群体事件。近年来，大连、宁波、茂名、昆明、什邡等地多次爆发声势浩大的"邻避行动"。民众跨越原有的阶层差异，集体向有关部门表达诉求。与当代中国的社会转型紧密呼应，"中国式邻避行动"呈现鲜明的本土特征，有着独特的演变逻辑，固化了"一闹就停"或"一闹就迁"的僵硬模式，其中蕴含的种种困境值得我们高度关注。

二、聚焦地方利益

改革开放以前，我国实行高度集中、高度统一的计划经济体制，拥有众多行政资源的政府是社会管理的唯一主体，分布在广大城乡的大小单位成为行政管理的延伸和载体。大家在一个单位工作生活，单位大院由此成为一种物质与精神相统一的特殊空间组织形式。

在社区感方面，以一个大家庭为"单位"建立起来的单位大院有一种共同的单位情感（单位归属感）使他们联系在一起，这种归属感不仅使单位的人凝聚成为一个整体，也使单位的人与他们居住的大院成为一个整体。从社区的角度来讲，单位大院是真正的社区，因为社区成员之间有着由共同语言、风俗和文化的联系纽带而产生的共同的结合感和归属感。①

其时，许多人从中等师范学校、中专或大学毕业后，在一个单位工作，在单位大院生活一辈子。这种"前单位、后居住大院"的模式，将很多社会矛盾化解在单位大院，也促成一个个熟人社会的形成。1998年7月3日，国务院发布《关于进一步深化城镇住房制度改革 加快住房建设的通知》，提出发展住房交易市场，加快住房建设的改革目标。自此，实行近40年的福利分房制度从政策上退出历史舞台，"市场化住房改革"成为住房市场的主题。

1998年中国实施住房制度改革以来，大多数城镇民众的居住空间发生历史性转变——由国家出资、错落有致的单位大院转向价格不等、位置迥异的商品房小区，不同经济实力的人居住在不同地段的居民小区。从房子是"分"的，到房子是"买"的，居民心理也发生一定变化。

对大多数中国城镇居民而言，购买住房并非易事。因此，"邻避设

---

① 杜春兰、柴彦威、张天新、肖作鹏：《"邻里"视角下单位大院与居住小区的空间比较》，《城市发展研究》，2012年第5期。

施"的嵌入，民众出于对身体健康、居住环境、公共安全、房屋价值的担心，极力反对在自家小区附近兴建"邻避设施"。"邻避设施"一旦建成，自家小区附近将镶嵌一个巨大的风险变量。民众对"邻避设施"的反感，源于对风险不确定性、不稳定性的担忧。

风险不是民主的——在制造受害者这一点上，它并不认同人人平等。因为一些人的特质脆弱，他们就承担着大于他人的风险。[①]

风险源在空间地理分配参差不齐、千差万别。因为空间距离的缘故，"邻避设施"加剧相关民众的"特质脆弱性"。部分民众承担更为直接、更为明显的风险。这其中，就包括他们家庭财富的重要支撑——房产价值损失。地方政府和技术专家往往从技术和科学角度定义风险，在社区民众看来，风险源于个人主观感受，呈现千人千面的状况。

可持续发展必须既满足当代人的发展需要，又不对后代人满足其需要的能力构成危害。可持续发展必须体现不同代际之间的公平，强调当代人在发展的同时，应当确保后代人有同等的发展机会，给后代人留下充足的发展空间。

可持续发展要求的公平性原则，既指代内公平，又指代际公平。前者是空间上的公平，当代人之间的横向公平；后者是时间上的公平，人

---

① （美）珍妮·X. 卡斯帕森、罗杰·E. 卡斯帕森编著，童蕴芝译：《风险的社会视野：公众、风险沟通及风险的社会放大》（上），第66页，中国劳动社会保障出版社，2010。

们世代间的纵向公平，这两者紧密相关、互为前提、统一共存。但就可持续发展来说，最重要的当然是要求实现代际的公平：其一，因为可持续发展的基本要求，就是后代人要有与当代人同样满足需要的权利和可能；其二，因为考虑到和要求实现代际公平，也就必然会涉及或逻辑地推及代内的公平。①

从环境风险与社会互动的视角看，"邻避设施"制造一系列关于社会公平与正义的难题。如区域公平、代际公平——"邻避设施"造成的环境污染（如噪声污染、水污染、空气污染）由某一地区、某一代人集中承受。缓慢累积、超长时滞的环境污染（如土壤污染、生物多样性丧失）由好几代人承担。风险与收益如何在地区与地区之间、这一代人与子孙后代之间、这一代人不同利益相关方之间权衡取舍，必须通盘考虑，各得其所。

然而，现实生活中，通过简单的市场机制实现"邻避设施"的空间分配容易导致短期行为。在看得见、摸得着的眼前利益面前，人们很难树立一种考虑到后代子孙的远见卓识。"根据风险在社区中转化为不稳定易变问题或成为社会团体间争执源头的程度，它可能引起公众关注并经受带有价值取向的解读。"②

---

① 陈昌曙：《哲学视野中的可持续发展》，第154—155页，中国社会科学出版社，2000。

② （美）珍妮·X. 卡斯帕森、罗杰·E. 卡斯帕森编著，童蕴芝译：《风险的社会视野：公众、风险沟通及风险的社会放大》（上），第157页，中国劳动社会保障出版社，2010。

同欧美的"邻避行动"目标包括代际公平、可持续发展、族群平等、区域风险平衡、环境正义等多个议题相比，"中国式邻避行动"议题相对单一，诉求明确。

参与者强调自身利益、当地小环境利益，对整体利益、其他地区利益置之不顾。过犹不及。如著名政治评论家托克维尔所言——

> 利己主义可使一切美德的幼芽枯死，而个人主义首先会使公德的源泉干涸……久而久之，个人主义也会打击和破坏其他一切美德，最后沦为利己主义。[1]

个人主义跃跃欲试，甚至无限放大，民众认定"邻避设施""只要不建在自家后院"就行，不惜将事情"闹大"，在短时间内形成"中国式邻避行动"的强大声势。在"邻避设施"从甲地迁到乙地后，乙地民众对这些被"驱赶出境"的"邻避设施"也会排拒。在信息沟通无碍的互联网时代，乙地民众很容易滋生"别人是人，我们就不是人"这样一种悲情心态。他们有可能以"先行者"为师，有样学样。由此，我们看到"中国式邻避行动"模式：民众抗议—抗议升级—有关部门宣布停止、缓建或迁移"邻避设施"—抗议结束。因为议题单一且伴随抗争，"中国式邻避行动"持续时间往往不长，终止时间明确可期。

---

[1] （法）托克维尔著，董果良译：《论美国的民主》（下卷），第625页，商务印书馆，1998。

三、互联网和社交媒体加速信息传递

欧洲、北美地区及中国香港、中国台湾地区发生"邻避行动"多在 20 世纪 70 年代到 90 年代。此时，互联网和社交媒体尚未大规模崛起，更多属于军事用途，"邻避行动"要唤起民众关注，难以挨家挨户动员，只能借助于诸如电视、广播、报纸、杂志之类的传统媒体。

为了争夺稀有的媒体报道的时间和空间，风险和风险事件之间展开了较量，较量的结果主要取决于：①在社会处理和应对风险的过程中，风险是否经过了社会增强或削弱；②风险在地域污名化中是否处于中心地位。①

作为风险的"社会放大站"，传统媒体居间传递信息，描绘风险事件，民众依据自己的知识储备、文化背景解读、吸收信息，组合出各种各样的意义，对环境污染型工程项目进行相应的解读。囿于电视、广播、报纸、杂志等传统媒体较为漫长繁复的编辑、出版、播放流程，一起"邻避行动"很难及时、"零时差"呈现在媒体的版面或屏幕之上。

---

① （美）珍妮·X. 卡斯帕森、罗杰·E. 卡斯帕森编著，童蕴芝译：《风险的社会视野：公众、风险沟通及风险的社会放大》（上），第 155 页，中国劳动社会保障出版社，2010。

世界日新月异，风险层出不穷。传统媒体对风险报道的选择有着明显偏向。一家全国性大报、全国电视台、全国广播电台很难对一个小地方的"邻避行动"事无巨细地跟踪报道，将其推向众目睽睽、备受关注的新闻榜单。通常而言，传统媒体对核心区域（如政治机构所在地、繁华商业中心、金融机构集中地、教育文化中心、经济生产创新中心）的关注远远大于对偏远地带（如农村地区、城乡接合部）的关注。传统媒体的黄金报道时间、头版头条、重磅文章更多聚焦于特定人物、特定地区、特定事件。

人生天地间，一个人的注意力不可能大到无边无际的地步。在时间一定、精力有限、信息无限的前提下，注意力是稀缺、有限的资源。为了争夺读者有限的注意力，传统媒体的记者和编辑对拥有更多新闻看点的突发灾祸或不寻常风险偏爱有加，这能带来更多受众和更高的阅读率、收视率、收听率。从商业角度而言，更多受众意味更大的媒体影响力、更多的媒体经营收入、更多的媒体播放渠道，也能为传统媒体带来更大的影响力和美誉度。同在一片蓝天下，芸芸众生面对各种层出不穷的风险，风险报道并非整齐划一。

"涉及明星和公共人物的风险受到的关注肯定高于只影响'普通人'的风险。"[1]

---

[1] （英）彼得·泰勒-顾柏、（德）詹斯·O. 金编著，黄觉译：《社会科学中的风险研究》，第237页，中国劳动社会保障出版社，2010。

经由传统媒体的报道或者不报道，诸如"邻避行动"这样的风险事件既可增强，跻身为远近闻名、众人关注的重大事件；也可削弱，影响局促于一时一地，甚至"眼不见为净""烟消云散"。

作为现代世界的重要组成，媒体具有"创造风险感知"和叙述风险事件的巨大力量。"媒体对风险的叙述和表现，不论事实的还是虚构的，提供了意义网。这些意义网则提供了一个重要来源，供人在做出自己的理解和反应时使用。"[1]

不同于由记者、编辑把关，新闻生产周期较长且有多重审核把关机制的传统媒体，互联网开启了"人人都是新闻报道者""人人都有麦克风"的时代。获益于网络传播的匿名性、不在场性、低门槛性，一位经济文化资源相对薄弱、很少在传统媒体登台亮相的民众也可在网络上对"邻避设施"的安全隐患喋喋不休，将其定义为对地方利益有害的事物。民众轻车熟路，所费不多，且能赢得大量受众。"污名"四处扩散，激发其他民众持续的焦虑恐慌，"一边倒"的网上舆论喷薄而出。受到网上舆论感染的其他民众，生恐自己与大多数人不一样，也会参与其中，以符合被搅动起来的舆论。

在 2013 年 5 月昆明"反 PX 行动"中，一些民众借助网络呼吁昆明市民发起抵制 PX 项目行动。网民散发大量信息，形成巨大的声势，

---

[1] （英）彼得·泰勒-顾柏、（德）詹斯·O. 金编著，黄觉译：《社会科学中的风险研究》，第 239 页，中国劳动社会保障出版社，2010。

此股风潮很快由网络蔓延到现实社会中。

2013 年 4 月底，内容为"反对 PX 项目活动：昆明 5 月 4 日下午 13：30，新昆百大门口文明站立，戴口罩、口罩上画 X；不言论、不争执、不堵路、无垃圾，文明表达对家乡昆明的爱心；抵制安宁炼油厂项目"的信息通过短信、微博、微信、QQ 群等方式告知昆明当地民众，五四青年节当天下午一点半，在昆明市中心的新昆百大门口进行抗议活动。个体通过交往对象的言辞、承诺及口头或者书面陈述等人际交往的方式建立信任，尤其是信息网络技术的发展及其中的人际关系的变化使广泛的社会支持成为可能。[1]

如这篇文章所言，动员信息通过"短信、微博、微信、QQ 群"辗转流动，轻松绕过传统媒体的内容审核把关机制，形成先声夺人、遥遥领先的舆论效应。在沸沸扬扬的网络舆情中，怕自己"被"孤立、"被"边缘、"被"别人看不起的焦虑使"一边倒"的传播态势愈演愈烈。"邻避设施"的"污名"也在网络传播中再次放大，衍生对立紧张的议题。例如，谁为"邻避设施"打开准入之门？有关部门招商引资，是否做到公开、公平、公正？项目建设方是否为民众健康考虑，是否能拿出实实在在、真实管用的安全生产措施？为什么不能引进无污染、对

---

① 索琼瑶：《社会支持理论下群体性事件中的人际传播——以昆明 PX 事件为例》，《东南传播》，2014 年第 10 期。

环境没有负面影响的项目？你为什么不反对"邻避设施"？

各种质疑在网上此起彼伏。夹杂悲情（为什么我的安全健康受到威胁）、悲怆（"邻避设施"为何建在我家后院）、悲壮（我一定要反对）的集体情绪在线上传播、酝酿、壮大，演变成"线上"推波助澜、"线下"脚踏实地兼而有之的"邻避行动"。秉持"法不责众"的心态，部分民众放下日常生活中的种种顾忌，获得一种近似狂热的力量。

四、为协商"造船搭桥"

在 2007 年厦门"反 PX 行动"发生前，有关部门对"邻避设施"的落地多能一锤定音。对中国这样一个有着 14 亿人口的国家而言，就业是民生之本，也是民众经济收入、家庭开销的重要来源。一人就业，全家受益。"邻避设施"能为当地提供大量就业机会，促进经济发展和民生福祉。

为了积极争取能为地方带来经济利益和财税收入的项目，有关部门积极走向前台，出面代劳本应由企业做的沟通民众、利益协调等工作。"邻避设施"建成后，出于追求 GDP 增长、财税收入增长等考虑，有关部门对企业安全监管敷衍塞责，企业盈利，地方政府获取税收，当地环境受到一定程度的负面影响。受制于高昂的动员成本和较低的城镇化水平，民众与"邻避设施"有相当的缓冲距离，这在一定程度上减轻了"邻避设施"与民众之间的对立紧张，民众对"邻避设施"并不十分在意。

技术变革和快速推进的城镇化水平为社会行为变迁带来动力。2007年以前，手机、电脑价格不菲，并非人人都能轻松拥有，在一定程度上降低了环境维权群体事件发生的概率。2007年以后，手机、电脑大范围普及且价格平易近人，为民众集体动员赋予了更多的技术便利。

随着价格节节攀升的住房在中国城镇家庭中重要性的上升，一个不容忽视的风险是，我国大多数城镇家庭资产配置高度集中于不可移动的房产。这反映房产在我国城镇家庭财富中的重要性及家庭对房产的依赖。我国家庭资产相对简单，经过大家辛苦打拼积累的家庭财富多集中在房产，风险较大。一旦房产周边的环境发生变动，如修建带有各种负面效应的"邻避设施"，民众就很难对"邻避设施"建在自家后院熟视无睹。

为何出现上述情况呢？1949年以来，地方政府掌握大量行政资源，对民众衣食住行、医疗、教育、养老、工作产生广泛深刻的影响。

困难之际，民众通过多种渠道"找政府"，地方政府出面协调，促进棘手问题的解决。在计划经济体制下，"有问题，找政府"，往往行之有效。

在市场经济体制下，政府不再是万能的。[①]

社会发展日益繁复精细，各种经济新业态、新产业、新产品如雨后春笋，地方政府很难事无巨细、面面俱到，也很难充当无所不能的"全能型选手"角色。即便如此，许多民众仍对"有问题，找政府"深信不疑。有关部门"跑项目""做项目"，从招商引资到"邻避设施"开工、建设，事必躬亲、亲力亲为。为了让"邻避设施"早日落地运营，产生经济效益和财税收入，有关部门没有与当地民众广泛深入互动。在整个过程中，民众都扮演旁观者角色，简单"被代表""被发声"，这为"邻避行动"的发生埋下伏笔。

人的社会态度、社会行为不是与生俱来的，是在社会生活中逐渐形成的。从社会安定的角度看，住房在城镇家庭财富中的重要性大幅提升，民众对住房倍加珍视，对周边环境更为关注。这是一个顺其自然、水到渠成的发展过程，也是一个不容忽视的社会心理变化。为了照顾民众的合理关切，民众与有关部门之间，通过会议协商、约谈协商、书面协商、座谈协商等多种协商方式寻求互相冲突的利益之间的协调，达成

---

① 董克用：《优化政府服务的五大要点》，《国家行政学院学报》，2015 年第 4 期。

动态的相对平衡，兼顾方方面面的利益关切，有利于化解社会矛盾。有利益诉求的正常表达，有可以信赖的第三方机构居间协调，有不同利益方的统筹兼顾，才会有相对的利益均衡。通过有效沟通达成共识，以协商方式解决问题，促进社会和谐稳定。

就此而言，有关部门守土有责，既肩负推进经济社会发展、提升地方财税收入的责任，也有维护民众环境权益、环境权利、健康福祉的义务。协商致力于建立多主体间平等沟通的平台和机制，不同利益主体"遇事多商量"，有话好好说，就能求同存异，和而不同，取得大家大体都可接受的结果。

出于一些原因，有关部门对涉及民众环境权益的现实问题，有的时候是"想到了""有空了"才同民众协商，有的时候索性省去集体协商、集体沟通这个环节。在这种情况下，民众通过选取代表上访反映情况，向环保部门投诉等较为理性的方式进行维权。如果这些渠道无法得到有关部门的及时回应，民众就会形成一定的集体情绪。

而对地方政府来说，则应该看到，市民之所以会出现一些不理性的言行，固然有民众自身的原因，更重要的是相关决策程序和信息的不透明、不公开所引发的。从项目立项之初，到项目正式启动，有的地方政府无视民众的知情权和监督权，怕项目情况一公开，会引起市民反对，而导致项目提前流产。这样从一开始就造成了官民信息的不对称，人为制造了信任的隔阂。①

大多数中国城镇居民通情达理，热爱自己所在的城市，热爱自己双手创造的生活。之所以在环境维权中出现一些不理性的行为，如上面这篇文章所言，"是相关决策程序和信息的不透明、不公开所引发的"。在传统媒体语境下，民众的声音很难被四面八方的大众听见。而在互联网语境下，"沉默的大多数"不再沉默是金，他们拥有制造话题、发出声音、串联整合的能力。通过将事情"闹大"，他们获得高密度的媒体报道和更多的外部力量，采取集体抗争去寻求解决路径。民众的环境维权，牵动全国媒体乃至世界媒体的目光。有关部门守土有责，守土尽责。在强大的"维稳"压力下，这种压力既来自上级政府，也来自地方"保平安""护民生"的理念，因此有关部门往往叫停"邻避设施"。

在 PX 项目以往的戏剧性遭遇里，一些政府官员表现了临阵"维稳"第一、保乌纱第一的"政治策略"，民众是"反正不能建在我这里"的"核心利益"坚持，一些"公知"暴露出借公共事件沽名钓誉的自我炒作之术。这样的互动和大合唱共同挖了公共利益和国家利益的一个个墙脚。②

---

① 新京报社论：《面对 PX：市民要理性，政府要透明》，《新京报》，2014 年 4 月 1 日。
② 环球时报社论：《PX 项目，溃退中呼唤坚守点的出现》，《环球时报》，2014 年 4 月 1 日。

　　紧急叫停"邻避设施"虽然有效避免事态扩大升级，但也令有关部门的公信力受到影响。一些"邻避设施"经过环境评价及完整的开工手续，从法理来说，走完了全部程序。"邻避设施"有益于社会整体利益，为地方经济社会发展所必需。民众阻拦"邻避设施"，有关部门再次决策压力随之而来。为了"息事宁人"，将面对否决已有决定的尴尬。无论"一闹就停"，还是"一闹就迁"，都会造成巨额的经济损失，善后处置的成本异常之高。

五、科普教育化解民众疑虑

　　在环境意识、权利意识尚未蓬勃滋长的时代，民众对环境污染型工程项目大多持欢迎态度。环境污染型工程项目能为当地带来税收，提高财政收入，为民众提供就业岗位和发展机会，地方政府和民众皆大欢喜。① 不少民众对环境污染型工程项目热烈欢迎，唯恐项目不能落户当

---

① 从环境容量的角度看，20 世纪 90 年代，中国的环境容量绰绰有余。许多地方尤其是中西部地区都有良好的生态环境。一些环境污染型工程项目有一定的负面效应，但能拉动经济增长、提供就业岗位，且能与大型居住区保持相当的距离缓冲。宽裕的地理空间，在一定程度上也降低环境污染型工程项目与大型居住区正面"对峙"的概率，拉低了环境维权群体事件的发生概率。2001 年加入世界贸易组织（WTO）以来，伴随中国经济高速发展，工业经济大幅增长，厂矿企业如同雨后春笋，许多城镇的空间范围也大幅扩充，在工业生产力、居民消费潜力都快速增长的情况下，环境容量愈加捉襟见肘。一些地方兴建一些环境污染型工程项目，所面对的压力不可与 20 世纪 90 年代同日而语。

地，为当地经济社会发展服务。

在作者记忆中，20 世纪 90 年代，某个交通相对滞后的中部某地，积极争取钢铁厂、铁矿厂，希望这些投资巨大、能带动大量就业的大项目、大工程能为当地带来巨大的发展变化。当时，民众对环境污染型工程项目的负面效应考虑较少，更多考虑环境污染型工程项目能为当地带来交通路网、基础设施、财政收入、居民收入的变化。所以，我们看到，在 21 世纪前，诸如钢铁厂、水泥厂之类的环境污染型工程项目也鲜少碰到民众阻力，有关部门手持一纸批文便能上马建设。

进入 21 世纪，随着民众环境意识的高涨和对自身居住地环境安全的高度关注，一些可能带来负面影响的环境污染型工程项目屡屡遭遇民意阻击。有关部门跑项目、做项目，缺少向民众解释项目的耐心细致，产生了"新时期群众工作"的真空地带。一部分民众通过手机、互联网等渠道向公众解释项目利弊及可能发生的安全风险、环境风险，使诸如 PX 项目、化工厂"高风险""高污染""高危险"的形象不断固化。环境污染型工程项目拟落地的周围民众，无论贫贱富贵、男女老少，都不同程度患上了"PX 恐惧症"。

在经历厦门、宁波、昆明 PX 项目接连遭遇环境维权群体事件后，2014 年，广东省茂名市不忘前车之鉴，在信息公开透明方面做出了很大努力。当地科学技术部门、项目管理部门积极对 PX 项目进行科普宣传，力图讲解一个真实、立体、全面的 PX 项目。广东茂名在当地媒体发表系列文章为 PX 项目"正名"，还邀请中国工程院、中国科学院、清华大学、北京大学的相关专家解疑释惑。但种种"正名"的努力也未能阻挡负面情绪的滋生乃至迅猛"决堤"。

作为中国南方重要的石化城市，背靠广东珠三角腹地的茂名 PX 项目集天时、地利、人和——既有多年形成的完备石油化工产业基础和沟通上中下游的产业链，也有当地石油化工学校培养的各类优秀石油化工人才，还有交通便利的港口设施、四通八达的高速网络，茂名 PX 项目发展前景巨大，将提升广东茂名的经济竞争力，促进当地经济社会发展。何以信息的公开透明不能完全化解民众的抵触情绪呢？

（一）从科学属性而言，PX 为低毒，这一点为世界各国公认

生产 PX 的过程不会一蹴而就，有一条漫长繁复、环环相扣的生产链。决定生产安全的环节有很多。一桶水装多少水不是由最坚固、最高大的木板决定，而是由最短、最薄弱的木板决定。生产 PX 的环节，千头万绪，由很多不同的经济生产组织决定。从甲环节到乙环节再到丙环节，任何一个环节出现问题，"城门失火，殃及池鱼"，都可能引发波及面甚广的系统性风险。就此而言，人们恐惧的不仅是 PX 项目本

身，也隐含对生产流程疏忽、操作流程不能完美落地的不安。在现实生活中，规划是一回事，落实又是一回事，能否安全运行则又是另外一回事，凡此种种，也加重民众的不安。

（二）生产 PX 的过程中虽然有风险，但是技术进步、精细管理能降低风险，不断将风险趋近为零

风险可防可控。即便如此，我们必须承认，风险的释放仍有相当的不确定性、不稳定性、不可预测性。技术专家反复借用图表、概率，向民众解释风险可防可控，却不能保证项目"零风险"，民众这样反驳——既然说风险可防可控，直接建在你家旁边好了！事实上，环境污染型工程项目的选址极其复杂，需要考虑产业链、物流、市场、劳动力等多重因素。项目的选址关系千万重，需要在经济成本、交通成本、市场前景等多种因素中寻找最佳答案。在某种意义上，民众的反驳将选址问题"虚置"起来。专家"言者谆谆"，努力向民众解释风险可防可控，民众"听者藐藐"，不相信项目的"零风险"。行胜于言。"说服教育"的效果可想而知。

（三）技术专家无法保证 PX 项目的"零风险"

天有不测风云。一旦 PX 项目发生"火烧连营"的安全事故，不仅使专家前期花费大量时间的"说服教育"大打折扣，而且，"风险放大将造成反过来导致次级效应的行为反应：这些次级效应中包括持久的认知和态度"。[①] 信誉需要花费很长的时间一点一滴建立，但信誉的流失却只需要一件安全事故，甚至是一件小事。一旦民众形成这一刻板印象将不断固化，尾大不掉，愈演愈烈，增加以后新建环境污染型工程项目的难度。当第二个环境污染型工程项目准备启动时，有关部门面对的将是强大、固化的民意压力。这个时候，技术专家无法保证 PX 项目的"零风险"，无疑使自己说话的效力和可信度大打折扣。

（四）PX 项目促进当地经济增长，不仅为地方政府带来一定数量的财政收入和税收收入，也能使相当一部分从业者获得相应的工资收入

很多情况下，经济增长、财政收入的提升同民众幸福感、安全感、获得感未必同步。许多民众心想，环境污染型工程项目一旦建起来，因为地缘的关系，我可能就遭受近在咫尺、明显易见的健康风险。个人

---

① （英）尼克·皮金、（美）罗杰·E. 卡斯帕森、（美）保罗·斯洛维奇编著，谭宏凯译：《风险的社会放大》，第 205 页，中国劳动社会保障出版社，2010。

罹患环境疾病、生活困难之时，社会没有足够力量帮我渡过难关，故对有可能带来环境风险的 PX 项目一心排拒。在社会保障网尚不完善、尚不能全覆盖的现实语境下，信息的公开透明无助于改变民众这一"自保""求稳"心态。一些民众为了规避潜在的环境风险、健康风险、房价下跌风险，极力排斥环境污染型工程项目。

2007 年以来，获益于互联网和社交媒体的低成本动员优势，"中国式邻避行动"来势迅猛，地方民意猛烈释放。民众理性维权与非理性行为交织其中。置于风险事件处理一线的有关部门，往往叫停或将"邻避设施"迁移他处。如果未来的"中国式邻避行动"此起彼伏，处理方式依旧，可以预见，整个社会都将为此付出不菲的成本。

第四章

公众参与：以微信为中心的考察

———————

　　往回看看，从厦门、宁波到彭州、昆明，PX 项目不断遭遇民意狙击，一个重要原因在于，信息壅蔽催生抵触情绪乃至恐慌心态。事实上，茂名不忘前车之鉴，在信息公开方面要做出很大努力。目前项目仍处于科普宣传阶段，不仅当地媒体发表系列文章"揭开 PX 的神秘面纱"，而邀请中国工程院、清华大学的相关专家解疑释惑，却仍未能阻挡负面情绪的滋生乃至"决堤"，这也说明，复杂现实远非一句"公开透明"就豁然开朗。

——李拯:《以更细致工作化解 PX 焦虑》,《人民日报》,2014 年 4 月 2 日。

　　无论是污水毒死鱼虾、尾矿垮坝毁坏良田，还是儿童血铅中毒，在一系列环境损害事件中，受害者大多是普通百姓，而且多为农民、城乡接合部居民等社会中下层群体。一方面，打环保官司要支付诉讼费、污染损害鉴定费，普通百姓本来收入不多，又受到污染损害，再承担这些费用，显然是难上加难。另一方面，环境污染的受害群体往往缺乏一定的专业知识和法律常识，要让他们成为环境诉讼的主体，也不容易。

——孙秀艳:《为环境维权打开一扇门》,《人民日报》,2011 年 2 月 17 日。

———————

一、社交媒体与公众情绪的相互建构

近年来，中国的环境维权群体事件数量持续在高位运行。与这一波发生地域广、参与人数多、社会影响大的群体事件紧密呼应，互联网和各种即时通信工具深度融合民众生活，在环境维权动员中发挥不可忽视的作用。从网络购物、订阅酒店到浏览新闻，从发表文章到聚焦社会热点话题，民众对移动互联网的依赖程度日益加深，移动互联网和现实空间深度融合，社交媒体全面深入融合民众日常生活。

今日的我们，全都置身于这场突如其来、史无前例的公共与个人媒体的革命狂潮当中。[1]

新时期多发的环境维权群体事件，究其实质是民众对发展权益、环境权益的深度关切，解决之道在于找到公共利益与个体利益、经济发展与环境保护、这一代人发展权益与下一代人发展权益之间的平衡。

经过多年的高速经济发展，当代中国进入改革深水区。在诸多社会热点议题中，如住房、医疗、养老、教育公平、阶层流动、经济发展、食品安全、文化建设、乡村振兴、脱贫攻坚等，环境议题与每一个人息息相

---

[1] （英）艾瑞克·霍布斯鲍姆著，吴莉君译：《霍布斯鲍姆看 21 世纪》，第 38 页，中信出版社，2015。

关。民众对环境议题的讨论不分老年、中年、青年、少年，在各种即时通信工具赋予的交流便利中迅速诱发情绪感染和意见倾向。社会成员由个体松散消极状态被激励组织起来，形成巨大的舆论声浪。一位学者认为——

中国的空气、水和土地的污染，再加上征用耕地建设工厂，以及为给这些工厂提供能源而征用河流沿岸地区建设水电站等行为，引起了成千上万，大大小小的抗议活动——其中有些收到了成效，也有许多徒劳无功，并促使了环保激进主义的发展。①

在众多国人耳熟能详的即时通信工具中，由总部位于深圳的腾讯计算机系统有限公司（以下简称腾讯公司）于 2011 年 1 月 21 日推出的微信，覆盖人群最广，影响力最大，增长速度最快。

2011 年 1 月，腾讯公司推出微信，到 2012 年年底，短短两年不到的时间，微信用户使用量突飞猛进，达到 3 亿人次。3 亿人次，这是一个规模庞大、备受瞩目的数字。截至 2016 年第二季度，微信覆盖中国 94% 以上的智能手机，月活跃用户达到 8.06 亿，用户覆盖 200 多个国家。到 2017 年，微信活跃用户达 8.89 亿，创造了 6 年时间培育发展 8 亿多用户的互联网奇迹。

微信的发展壮大与当代中国息息相通。作为一种跨越不同社会阶

---

① （美）马立博著，关永强、高丽洁译：《中国环境史：从史前到现代》，第 319 页，中国人民大学出版社，2015。

层、不同地理空间的国民级通信工具，微信扎根当代中国的发展沃土。作为世界第一人口大国和第二大经济体，中国拥有世所罕见的超大型人口规模和超大国内市场的规模效应。超大人口规模、超大市场、超大经济体、超大回旋余地的多重叠加优势为微信的异军突起创造天然便利和独特优势。很难想象，在一个国土空间狭窄、人口稀少或者人口结构严重老化且新生人口寥寥无几的国家能在如此短的时间诞生微信这样令人瞩目的国民级通信工具。这款为智能手机提供即时通信服务的应用程序，由毕业于中国著名理工高校——华中科技大学电信专业的张小龙带领广州研发中心产品团队打造。微信支持智能手机使用者（无论其通信服务提供商是中国电信、中国移动，还是中国联通）通过网络快速传递文字、语音、图片、视频等多维信息。

在中国的移动互联网时代，每天有如此多的人，花如此漫长的时间（注：微信使用者活跃高峰一般在午饭前、下班后），涵盖如此多的年龄群体，在功能齐备的智能手机上浏览各种图片、音频、视频、文字等在内的海量信息。对微信深度使用者而言，他们早上第一件事就是打开微信，浏览国内外新闻。晚上休息前，也要一睹微信传播的最新信息。对许多年轻网民而言，网络化生存趋势日益明显，他们无处不微信、无时不微信、无人不微信，"手机终端跟着人走，微信信息随着人转"已经成为信息传播的新态势。更有甚者，随着大数据、云计算、人工智能的飞速发展，微信用数据为受众的阅读习惯画像，再通过"智能算法"实现新闻内容的精准推送，这一技术手段改变了传统媒体的内容分发模式，提高了内容匹配度和精准到达率，从传统的"人找信息"变成了"信息找人"。

微信，成为当代中国人花时间最多的即时通信工具应用。2020 年 1 月 9 日，腾讯公司发布《2019 微信数据报告》，2019 年，微信月活跃账号数为 11.51 亿，较上年同期增长 6%。朋友圈打开最多的地方分别是广州、北京、深圳、上海、成都，朋友圈海外打开最多的地方分别是首尔、大阪、济州岛、曼谷、新加坡。2019 年年底，新冠肺炎疫情突袭而至，肆虐神州大地。大批民众被迫禁足在家，活动空间局限在自家住宅。在新冠肺炎疫情防控这样一个特定的时间和空间，大家的生活习惯发生改变。以往需要面对面近距离交往、沟通、接触的社会活动、经济活动、文化活动，被迫转移到网络进行。微信使用时长和频率大幅飙升。有人说，一个习惯的养成只需要 21 天的时间。新冠肺炎疫情也将永久性地改变许多民众行之多年的生活习惯。在新冠肺炎疫情完全控制后，考虑到大家还会保持一定的社交距离，许多人的生活习惯将发生永久改变①，许多工作和会议将采用远程办公的形式，微信的使用强度、

① 新冠肺炎疫情防控期间，为了避免在餐厅群体聚餐有可能带来的新冠肺炎交叉感染，大多数人在家制作一日三餐，诸如米面粮油酱醋茶之类的生活必需品消费量大幅提升，许多人在家练就一副好厨艺。疫情结束后，相当一部分民众会延续这一疫情期间形成的餐饮习惯，在外聚餐的时间和频率相应降低。一部分上班族也会养成从家里带饭的习惯。再如，疫情期间，许多人一连几个月在家里远程办公，处理各类办事宜。许多人发现，原来需要东奔西走的许多会议、年会处于可开可不开的状态。在家里远程办公一样可以把工作办好。疫情结束后，居家办公也会成为一种习惯，四处出差及航空旅行的频率也将大为缩减。居家办公将大幅降低交通往来衍生的空气污染，降低城市中心办公区的环境负荷。

使用黏度、人均使用时长还会维持在一个比较高的水平。

庞大的用户数量、以中青年为主的使用人群、良好的用户体验，以及活跃的社交关系使得微信成为当代中国舆情表达的重要平台。它已经发展成集交流、资讯、娱乐、搜索、电子商务、办公协作和企业客户服务等为一体的综合化信息平台。

（资料来源：腾讯公司发布的《2019微信数据报告》）

微信诞生以来，微信用户在短时间内急剧增长，信息传播范围迅猛扩大，影响力深入拓展。从传统的市民一日三餐、读书就学到国内外时事政治、各种突发公共事件，微信都能聚焦传播。以点对点方式精准传播信息的微信，内容自始至终辗转驻留在传收双方的移动终端，融合人际传播和大众传播、信息传播，其他用户难以获知彼此传送的内容，这使得微信成为相对独立、相对封闭、相对隔离的小众媒体平台，信息传播具有一定程度的隐蔽性、私密性，如同"看不见的手"，发挥舆情风向标的作用。

不同于贴吧、博客、微博之类的网络舆情场——中心人物占据中心位置进行众人瞩目的"广场喇叭式"动员，基于人际关系准入的社交软件——微信，非好友用户[①]无法参与即时信息互动。信息传播自始至终

---

① 微信用户大多来自手机通信录，这部分好友与网民在现实生活中大多相识，契合度较高，这使得微信好友更具有现实真实性，信息来源更易被信赖。

在相对封闭、相对隔离的空间进行，动员态势、信息流动、集体行动走向带有更大的不确定性、不稳定性和不易甄别性。

从历史的角度看，每种媒体都有特定定位、特定受众和主要功能，呈现技术迭代引领媒体格局、传播格局、话语格局演变的发展轨迹。以《人民日报》《人民日报》（海外版）、人民网为例，作为中共中央机关报，《人民日报》是党和人民的发声者，每天刊登重要时事新闻、理论文章、社论等内容，为广大读者提供获知国内外大事、了解中央精神和政府决策的平台。《人民日报》主要读者包括大陆读者、港澳台同胞及海外华人、华侨，其中以大陆官员为主。《人民日报》（海外版）发行世界80多个国家和地区，传达中央政策，报道改革开放和现代化建设事业，关注社会热点、难点、疑点，介绍国际政治、军事、经济、文化、科技、教育，提供国内外相关信息。主要读者是港澳台同胞及海外华人、华侨和在各国的留学生与工作人员。人民网是人民日报社创办的时效性强的网络媒体，受众构成复杂多元，有经常浏览人民网的国内网民，还有很多零散、随机及由某些新闻链接线索而来的国外读者，这些固定与不固定的读者构成人民网的基本受众群体。他们与人民网一道成长，见证当代中国的发展变迁。

同在一片蓝天下，对于社会问题，不同的人常常持有相近、不同或者针锋相对的观点。在传统媒体语境下，不同的人借助传统媒体的信息流动才能完成信息交流沟通。这通常需要花费较长的时间，有的时候，经年累月，旷日持久。甚至过了事件的热度，早已时过境迁。在社交媒体赋予的交流便利下，活跃或不活跃的个体之间交互作用，你来我去，我来你去，在不同程度、不同深度、不同广度上彼此影响。或相对一致，或彼此对立，或多元并存的舆论分布模式，从复杂交织、众声喧哗的舆论广场中奔涌而出。

社交媒体的主要功能是发表并同化公共舆论。[①]

从古至今，媒体是做大众舆论工作的。舆论历来是影响社会发展的重要力量。社交媒体能将方方面面、天南地北的读者聚集融合，"同化"公共舆论，影响普罗大众对一件事情的看法。在环境维权群体事件动员过程中，用户利用微信打造大范围的信息共享网络，刺激社会情绪、集体意识的形成，推动环境维权从线上走向线下。本章拟以 2016 年 12 月成都"反 PX 行动"为例，谈谈几点浅显看法。

二、现场即时可视化

动员，有两种含义。其一，战争发生时，国家发动和调动一切可以

---

① （美）汤姆·斯丹迪奇著，林华译：《从莎草纸到互联网——社交媒体 2000 年》，第 355 页，中信出版社，2015。

调动、支配的力量以应对战时需要。特定时期的战时动员以国家力量作为基本支撑，带有相当的强制性和约束性。战争状态下，国家的公民必须无条件服从国家需要，全力以赴服务于国家意志、国家任务、国家利益。其二，发动人参加某项活动。动员主体可以是某个组织，也可以是个人。和平与发展是当代世界的主流。当今世界，大规模战争尤其是世界大战发生的概率不大。非战争状态下，微信动员，是针对某一特定群体广泛深入传播针对性的信息，以达到动员目标的过程。

获取事发现场时间、地点、内容的信息是民众参与环境维权群体事件所必须满足的前提。"大风起于青萍之末"。民众利用微信传播诱发环境维权群体事件的"种子信息"。微信提供简单方便的操作，降低内容生产成本、传播成本，为各类信息的生成创造技术便利。信息发布者传播具有时效性、原创性、个性突出、表现形式多样的信息，抢在传统媒体前发布第一手的现场消息，勾勒事件发展的基本框架、现场逻辑，塑造民众观看现场的多重角度，有力推动环境维权群体事件集体动员。

在2016年12月成都"反PX行动"中，一些民众随手拍、随手记录，传播刚刚发生的现场消息。微信传播的即时性、便捷性为动员主体提供穿越传统媒体内容把关的机制，集体动员的话语权大幅下沉。微信在对个人进行环境维权动员赋权的同时，极大丰富集体行动的内容和形式。芸芸众生不再是被动的信息接收者，而是第一手信息的发布者、传播者。人人都是信息发布者，人人都是信息构建者，大幅降低内容创建和信息发布的门槛，环境维权群体事件呈现燃点低、热点多的态势。

基于互动、草根、多元、现场、即时传播特征的微信舆论场随之成型。用户自主踊跃发声，每一个人都可能成为潜在的信息节点。一些网民发布2016年12月10日成都天府大道的现场图片，另一些网民以"求真相"为题，说"今天成都天府广场人很少"，话题活跃者遥相呼应，制造议题，吸引其他网民的注意力，激发社会的集体情绪。

与广播、电视、报纸这样有着鲜明传播层级及对传播内容层层把关、层层审核的传统媒体相比，微信让传播者、接收者汇聚成对等的交流者，分散话语权和话语中心集聚、单一的风险，一定程度上形成"所有人对所有人的传播"。在传统的"舆论主场"，包括电视、广播、报纸、杂志等在内的传统媒体是少数人（编辑、记者及专栏撰稿人）对所有人的传播。一篇新闻报道从制作到刊发，需要责任编辑、编辑室主任、总编辑分别审核等多道编辑流程。移动互联网环境下的微信传播没有门槛和专业限制，所有人都是信息传播者。在这样一个"舆论广场"中，所有人对所有网民都能高效及时传播信息，其传播呈现"五加二""白加黑"、全球化、零时差、同进度、齐传播的鲜明特点。

从某种意义而言，"所有人对所有人的传播"，使得动员主体具有

"法不责众"和"别人能说，我为什么不说"的心态。在微信舆论场，话题发起者大多是松散或没有组织的个体。这些个体，可能是受教育程度颇高、具有一技之长的专业技术人员，可能是受教育程度平平、从事送外卖、保洁、家政服务等简单工作的人员，也可能是占据很多社会资源的优势群体，还可能是名不见经传的弱势群体。无论哪个社会群体，只要他们拥有一部智能手机和上网基本条件，就可以在微信发布相关信息。获益于微信赋予的技术便利，四面八方、天南地北的个体获得与专门媒体机构几乎同等的信息发布权，信息的提供更趋个性化、多元化、复杂化。

网民以个性化解读、多元化解读图文并茂的信息资源，形成大范围的网络信息共享。在微信空间，网民结合自己的兴趣点就相关议题展开话题互动。有的网民认为，如果成都污染严重，"房价、地价将暴跌折半"，房价下跌使得已购买房产的业主经济利益受损，地方政府土地出让金大幅萎缩，影响地方政府的财政收入。传导效应所至，地方经济社会发展也受到一定程度的影响。有的网民传播体量巨大的化工厂照片，言下之意是化工厂将造成空气污染和成都生活品质、城市形象下降。对成都这样一座历史悠久、环境优美、吸引海内外游客的"蓉城"而言，成都发达的旅游业、餐饮业、会展业对当地经济的贡献度不言而喻。化工厂的巨幅图片给人造成很大压抑感。参与者数量几乎不受任何限制，探讨问题角度五花八门，构建信息网络将环境议题认知普及化、聚焦化，刺激大范围的社会情绪、集体意识的形成，凡此种种，使舆情发展充满更多的不确定性。

在漫长的历史长河中，文字是信息传达的基本载体，是人们交流沟通的桥梁和纽带。文字的发明是文明进化到一定程度、一定阶段的产物。白纸黑字，文字的意义和权威性不言而喻。从传播效果看，一般的文字需要多次反复、多次背诵才能形成记忆点、认知点。用文字记载事情，形成一定篇幅、跨越时空界限的文章，需要相当的功力。"诗圣"杜甫说，"读书破万卷，下笔如有神。"① 字斟句酌，颇费思量，对文字精湛有力的驾驭，将文字组合形成主题鲜明的篇章，并非每一个人都能完成。只有博览群书，孜孜不倦，把书读深、读透、读熟，胸有成竹，从"心中之竹"到"手中之竹"，落实到笔下，运用起来才会得心应手。

在过往一些与环境污染型工程项目相关的传统新闻报道中，灾害程度、灾害现场更多用文字呈现，如受灾面积多大，受灾人口多少，经济损失多重等。用文字勾勒现场、描述灾难的方式，为新闻报道设置相当高的门槛。换言之，新闻报道是一项专业性、技术性很强的事情，并非每个人都能轻松胜任。潜在的新闻报道者数量有限，不可能大到无边无际、信手拈来的地步。一篇以文字为主体的环境报道需要精心布局谋篇，费尽心血布局，这将花费相当长的时间，也使新闻报道失去一定程

① （唐）杜甫：《奉赠韦左丞丈二十二韵》。

度的时效性，相关数字和事情发展脉络往往要经过一段时间才能水落石出。

新闻之所以"新"，在于它的时效性，时效性是新闻的生命力所在。一则新闻，拖拖沓沓，迟迟不能发表，就成为一条不折不扣的"旧闻"。这样一条"旧闻"的效果就很难和一条"新闻"并驾齐驱。但是，必须承认，新闻的发生、发展有很多的难以预测性。我们并不能断定一则新闻必然在什么时候、什么状况、什么地点就能发生。很多情况下，记者接到突如其来的消息后就会第一时间赶往新闻现场。受限于克服时空限制的程度、能力不同，记者与时间赛跑，风尘仆仆，昼夜兼程，赶到新闻现场往往"慢半拍"，错过宝贵的黄金报道窗口，难以对新闻现场进行全景式的勾勒。新闻事件的热度消退，记者很难在短时间内窥见新闻事件的来龙去脉，做好新闻报道并非易事，这也使新闻报道失去一定程度的时效性。

网络信息技术的发展，使公众的能动性、主动性、话语权得到释放。微信舆论场中的图片、视频生成更为便利，传播更为轻松。拍摄一个图片、一个视频所费时间不多，但可以和新闻事件的某一时刻同步进行。

有时一个画面胜过千言万语。有时用图像传达信息可能比新闻报道，或广播的文本，或讲述更言简意赅。[1]

---

[1] （英）彼得·泰勒 - 顾柏、（德）詹斯·O. 金编著，黄觉译：《社会科学中的风险研究》，第 241 页，中国劳动社会保障出版社，2010。

从作者阵容看，从识字不多、生龙活虎的小学生到难以敲打电脑键盘、体力欠佳的耄耋老人，从受过专业摄影训练、对摄影驾轻就熟的摄影师到会使用智能手机的普通人，都能轻松拍摄图片、视频，新闻报道的门槛大幅降低，这实际上变相扩充了环境议题报道者的阵容。换言之，不管你的教育程度、收入水平如何，只要你拥有一部智能手机，就能参与报道新闻。这种"人多势众"和"简便易行"，实际上为新闻现场的"即时可视化"埋下伏笔。

无论现场参与人群的汹涌澎湃，还是环境污染型工程项目事故造成的火光冲天、残骸凄寂，种种景象以"有图有真相"的方式刺痛网民神经。深受数字技术、移动通信技术和网络技术影响的微信，图片、视频在微信传播中如鱼得水、穿梭自如。图片、视频为微信用户提供简便易行的描绘现场的方式，也为微信用户提供进入环境议题报道的方便之门。一个人哪怕语言文字能力匮乏，没有受过正规的新闻报道培训，也从来没有在报纸、杂志发表新闻作品，也可以从自身角度出发拍摄很好的图片、视频，捕捉群体事件中"单个点""某个面"的状态，进而使环境污染型工程项目或环境维权群体事件成为众人关注的焦点。①

网民孤立处理"单个点""某个面"的状态，"只见树木，不见森

---

① 报纸、杂志的版面受篇幅限制，无法一次刊登多幅新闻图片，也无法刊登视频。微信传播不受版面限制，可以传播海量的图片、视频，且这种传播以极低成本进行。为了让自己拍摄的图片、视频在海量图片、视频中"脱颖而出"，一些人刻意拍摄一些极富争议性质的图片、视频，将其上传，引发热议。

林"，难以形成信息报道的总体格局，也难以勾勒事件发生、发展的全过程、全方位。从某种程度而言，正是因为"报道了"，微信为图片、视频快速传播提供渠道，让一个个新闻现场得以在微信舆论场中得以建立。图片、视频承载的信息量大，容易直达人心。

复杂的事件往往被浓缩成新闻追踪的"视频叮咬"，复杂主题以一种最能产生即时的戏剧化影响的方式被处理。[①]

大多数情况下，基于网民喜欢对环境污染型工程项目"污名"的集体心理，网民拍摄的图片、视频争议性越强，话题价值越大，越容易被传播。图片、视频以简洁明快的方式呈现，"一图胜千言"，很容易吸引读者，把读者带到新闻现场中。"好事不出门，坏事传千里"，这使得微信用户"被"动员的可能性大大增加。

三、模糊的公私领域

绿水青山就是金山银山。只有守护好绿水青山，才能培育更多、更好的金山银山。良好的生态环境具有普惠性、非排他性特点，是惠泽民生的公共产品。生态环境是最普惠的民生福祉。环境维权要解决的核心

---

① （英）大卫·丹尼著，马缨等译：《风险与社会》，第 105 页，北京出版社，2009。

问题之一，就是在优质生态产品供给不足的情况下，协调企业、民众等方方面面的利益关系、行为准则，尽可能提供"全覆盖""惠民生"的优质生态产品。唯有各方各施所长、各尽所能、各得其所，才能实现发展成果、环境效益共享。

在电视、广播、报纸、杂志等传统媒体构成的新闻语境下，撰写相关的环境报道需要付出高昂成本和长年累月的专业训练。数量不多的新闻报道者，大多毕业于中国人民大学、复旦大学、武汉大学、北京大学、华中科技大学等高校新闻专业，他们即使有良好的知识储备、精湛的新闻报道技巧、为公众服务的强烈热忱，也要通过媒体内容把关人、审核人的层层审查。如此"过五关、斩六将"，并非易事。

一些报道者矢志不渝，拥有深厚的社会背景及为公众服务的热忱，撰写的环境报道引起有关部门注意，在多种力量促成下使当地环境改善，所有人从中获得益处。其他没有为此做出任何贡献，也可以坐享其成，成为没有付出和风险的"搭便车者"。

在一个或大或小的共同体中，可能是一个几百人或者上千人的社区，也可能是一个上万人或者十多万人的集镇，还可能是一座几十万或者上百万人口的城市。某些人秉持"就算我不做，也有别人做""这件事情总有人做"的心态，自觉或不自觉地坐等先行者前后奔走，积极呼应，也能"分一块饼"、坐享其成。大部分人瞻前顾后，左右摇摆，并不愿主动付出相应的时间精力参与环境维权，愿意坐等有着强烈责任感和抱负心的"少数人"前后奔走，为大家积极谋取福利。这样，"搭便车"行为催生集体行动的困境——参与环境维权的人数量稀少，他们从私人领域走出，踏足公共领域，需要付出很高的时间成本和经济成本，甚至有可能面临强势群体"秋后算账"的风险。

可以设想这样一种情形——一位受过良好教育且有相当社会地位的贤达，在环境污染型工程项目面前，也有可能沉默不语。对他而言，"发声"的成本太高且自己有多种选择。这位社会贤达可以凭借自己雄厚的经济实力，举家迁移，远离环境污染型工程项目带来的负面效应，从此对环境污染型工程项目"眼不见为净"。受制于种种原因，少数人斟酌权衡，也不会频繁踏入公共领域。如此反复，所有人相互观望、相互试探，竞相留守私人领域，驻留自家的一亩三分地，陷入"你看我、我看你""三个和尚没水吃"的尴尬局面。

从历史的维度看，传播媒介有其传播偏向，能左右社会组织形态和人际传播方式。在传统媒体语境下，公共领域、私人领域的界限一清二楚，如同泾渭分明的楚河汉界。社会交往与私人交往，社会生活与私人生活，都有一目了然的界限。比如，你坐在家里看电视，选择你喜欢看的电视节目，这是你的私人领域。你上了电视节目，你"说什么""如何说""向谁说"，就成为众人瞩目的公共领域。在微信空间，打破传统物理空间的局限，造成公共领域、私人领域的交融。微信传播改变环境维权群体事件中公私领域分明的状态，打破"公共"和"私人"之间的二元对立。从最积极的线下活跃人士到最消极的线上不发一言者，中间有很多层次混杂、相对模糊的状态。

以常见的转发为例，将环境维权相关报道转发到朋友圈，分享到同学、老乡微信群，只不过是举手之劳。也许有人会说，这些转发者不过动动手指，付出的劳动可以忽略不计，他们所承担的风险要比撰写第一手环境报道的人小得多。转发者也可能认为转发是偏私人性质的活动，"凑凑热闹而已"，不会对环境维权造成根本性的影响①。

但是，个人将环境维权相关信息转发到阅览人数不等的朋友圈、微信群，也能进入公共空间。这个公共空间的规模和个人的人际网络、社会影响力相关，可能是几十人，也可能是上百人或者几千人。如果转发者为一位自带流量、众人瞩目的公众人物，公众人物的转发可能触发更多媒体的转发和深入报道。转发就为一件公共舆论事件的形成按下"加速键"。

私人情境并入公众情境，公私界限模糊使得大量环境维权群体事件的相关信息跻身公共领域，占据众目睽睽的公共空间。一位转发者即便不是媒体大咖，在朋友圈转发之后，一传十、十传百，引发读者的跟踪报道，那么，这样一个公共空间有可能触发更大、更广阔的公共空间。

---

① 从另一方面而言，在海量信息中转发一定数量的信息，本身就是一种选择。有选择的转发，本身也蕴含转发者的一种态度。

众人拾柴火焰高，众人划桨开大船。没有千千万万这样的转发者，没有大量支撑环境维权的"报道人群"，这篇新闻报道哪怕浓墨重彩、提纲挈领，也有可能泥牛入海、杳无音信，消失在信息的汪洋大海之中。

再如，一些网民远在千里之外，不会对成都的空气污染有切身之痛。因为一些机缘，这些网民曾经到成都旅游、求学、走亲、访友，和成都有着千丝万缕的联系，对成都有很深感情。这些异地网民在茶余饭后以自身经验对成都"反PX行动"评头论足，同样推动微信舆情向纵深发展。在某个微信群中，很多人都是在四川外工作生活的四川人。他们已经离开四川多年，非常关注成都和四川的经济社会发展。在2016年12月成都"反PX行动"中，一位家乡是四川、现工作于北京的文化界人士于微信群中向好友调侃——

八戒："师傅，下面仙气弥漫，咱到西天了？"

唐僧："别闹，下面是成都，这是蓉霾。"

八戒："看都看不清，您怎知是成都？"

唐僧："蓉霾和其他雾霾不同，里面有麻辣味。"

这位人士指出成都雾霾有麻辣火锅特有的麻辣味，亦庄亦谐，令人捧腹。他非常巧妙地把成都上空的雾霾称为"蓉霾"，让人联想到京霾、沪霾、冀霾、晋霾。另一位教育界人士说——

成都是个洼地，成都上空若有污染的霾气，风不易吹走，这样霾气就一直待在那里，成都周围不适合建大型化工厂，这涉及上千万底层民众的呼吸，大型化工厂早晚得迁出。①

这位人士从小生活在"天府之国"，极为熟悉成都的地理环境。成都平原位于四川盆地的底部，阡陌交通，沃野千里，是物产丰富、人民富足的富庶之地。"底层民众的呼吸"，一语双关，暗示成都民众的空气质量、生活质量遭受影响。这位人士进而指出"大型化工厂早晚得迁出"，表明自己对环境污染型工程项目的态度。这些分布于大江南北、长城内外，频繁的动员主体与受众之间的互动交流，扩大动员信息传播的影响力、辐射力，为达成动员目标挖掘大量潜在的网民支持，使得环境维权集体动员向纵深拓展。

从空间位置看，数量庞大、"只说不做"的转发者、评论者，可能位于田间地头、工厂厂房，也可能在地铁车厢、购物中心、大学实验室，他们在不需要考虑动机、不需要计算个人得失荣辱的情况下，不经意间"参与"、推动环境维权群体事件。这些转发、评论可能在大家茶余饭后的闲谈，也可能在正襟危坐的办公室。微信的功能正是连接和放大这些"报道人群"的作用。围观、转发、评论，看起来只是短短的三言两语，但点点滴滴，积少成多，也是惊人的力量。这些"报道人群"

---

① 此处所引两则对话出现于某微信群，在此隐去两位人士的真实姓名。

中有平日沉默寡言的劳动者，也有学富五车的媒体人士。大量介于公私之间的行动前赴后继，汇集到一起，成为连续性、持续性、互动性的活动，超越集体行动的困境，在公共领域中造就声势浩大的舆论热潮，为环境维权群体事件起到相应的铺垫作用。

四、隐匿的"种子信息"

在传统媒体语境下，环境维权的动员结构有鲜明的动员圈层、较为固定的传播模式和各就各位、各司其职的角色分工。大体而言，动员主体依靠自身多年积累的影响力、美誉度，自上而下、由内向外、由近及远发布传播信息，达到一呼百应的传播效果。"居高声自远"，登高一呼，先声夺人，影响力不言自明，弊端也显而易见。一旦中心传播源头受到外部干扰、屏蔽，中心声源难以为继，外界民众很难听到中心声源，后续的环境维权动员难以展开，如同无源之水、无本之木。从信息监管的角度看，在动员主体与客体之间区分明显的情况下，管理部门及舆情检测机构很容易观澜溯源、顺藤摸瓜，锁定动员舆论的第一落点、第一源头。由于传播结构"去中心化"，在微信舆论场，任何人拥有一部移动终端都可以在任何时间、任何地点围绕特定事项发布信息，极大改变传统的舆论动员格局。

社交媒体使任何人都能轻而易举地迅速与他人分享信息，因而使普通人获得了集体设置议题的力量，而这种力量过去只掌握在大出版公司和广播公司手中。[1]

诱引舆情的"种子信息"发布者蕴藏在芸芸众生、男女老少当中，而非专门的媒体单位和有着专业媒体素养的新闻报道人士，极大提升"种子信息"的生产数量和诱发舆情的概率。从"种子信息"的生产传播看，"种子信息"提供者应该设置与动员对象切身利益相关的话题，才能有效吸引动员对象的注意。在和环境维权相关的新闻报道中——

现有的风险吸引公众的注意，不是依靠有用的"专家意见"或者"科学"，而是依靠一个报道题材能吸引大量公众兴趣的能力，因此报道就需要异议和争论的空间。[2]

读者的时间有限，精力有限，为了大量吸引公众注意力，"报道就需要异议和争论的空间"。信息过量且过载，读者的有限注意力是稀缺资源。为了制造"异议"和"争论的空间"，"种子信息"必须为"异议"和"争论的空间"制造相应话题。大量裹挟"异议"和"争论的空间"的"种子信息"层出不穷，积累一层厚厚的信息泡沫。用户长时间

---

[1] （美）汤姆·斯丹迪奇著，林华译：《从莎草纸到互联网——社交媒体2000年》，第349页，中信出版社，2015。

[2] （英）大卫·丹尼著，马缨等译：《风险与社会》，第109页，北京出版社，2009。

浏览碎片化的"种子信息"往往导致认知负荷与阅读疲劳，会倾向于更具冲击力、更有争议性质的信息。

为了让自己发布的信息在互联网的海量信息中脱颖而出，一些信息发布者推送有效激发负面情绪、恐惧心理的"种子信息"。例如，环境污染型工程项目对身体健康有害，有害方面既包括立竿见影的即时身体健康冲击，也包括较为滞后、有可能持续数十年的慢性疾病风险；环境污染型工程项目将带来破坏力巨大的安全事故；环境污染型工程项目对生态环境负面影响巨大。凡此种种，强化集体动员效应。"种子信息"发布者利用各种引人遐想的标题、图片，扭曲内容细节，制造新闻热点，博取点击率、浏览量，为"种子信息"落地发芽推波助澜。

在贴吧、博客、微博之类的网络舆情场，话题活跃者高高在上，众人瞩目，他们的声音能被四面八方的人们迅速听见。微信的信息流动始终遵循既有的"人际关系"脉络。"人际关系"脉络，有可能是多年形成的同学网络、老乡网络、朋友网络、有着共同兴趣爱好的同道网络，也有可能是在一定地理空间形成的邻里网络、小区民众网络。因为遵循既有的"人际关系"脉络，微信传播难以出现微博、博客那种"广场井喷式"的强烈外向型传播，更像圈子里的"饭后闲聊""窃窃私语""三言两语"。

人，是各种社会关系的总和。关系，在中国人生活中分量颇重。从出生下来，一个人都在各种各样的"关系"中生活。有的关系，如血缘关系，人们无法选择，伴随终身。有的关系，如职业关系、教育关系、师承关系，人们可以选择，在不同时间有着不同的社会关系网络。以《乡土中国》等著作闻名于世的学者费孝通说，中国社会结构"好像把一块石头丢在水面上所发生的一圈圈推出去的波纹。每个人都是他社会影响所推出去的圈子的中心。被圈子的波纹所推及的就发生联系。"①

在定位于"联结关系"的微信舆论场，"种子信息"的初始传播截面极小，在信息洪流中如同沧海一粟。但星星之火，可以燎原。"种子信息"发布者不是孤立分散的一盘散沙，他和亲朋好友、同学、同乡、同事之间组成层次多样的关系网络。在这些人生观、价值观、世界观相近或人生成长经历相同的人群中，微信传播的内容更易于引起关注、获得认同，信息传播具有较强的隐蔽性、蔓延性、扩散性。"种子信息"以个人空间为起始截面，跨越时间、空间限制，万里之外的"关系人"也能通过线上有效交流。在一些同道集结而成的微信群中，分布在五大洲、四大洋的微信好友也能形成相互交流、彼此呼应的及时沟通局面。

身处不同社会关系网络、不同地理空间、不同职业位置的传播者在发布、转发、分享、多人转发、多人分享中通过个体交流、朋友圈分享传播信息，附着相应的个体情绪、理性认知、价值判断。"种子信息"

① 费孝通：《乡土中国》，第42页，北京大学出版社，2012。

经过多角度、多维度、多层次的加工传播，反复逆转，参差百态，在传播过程中不断有种种舆情混杂，影响范围急速扩大，为环境维权群体事件带来更多的不确定性、不稳定性。

从历史的角度看，不确定性、不稳定性是社会生活的组成部分，任何一个社会都不可能消除不确定性、不稳定性。"在漫长的历史中，人们通常把确定性的缺失归咎于人类无法控制的因素：人类本身的不完美和无知、神力、运气、定数，或者命运。"[1] 在当代中国环境维权群体事件中，民众把环境污染型工程项目带来的一些问题归咎于项目建设方。"环境污染极易与环境公平搅在一起，成为诱发群体性事件的导火索。"[2] "种子信息"的隐匿存在极大提升负面舆情难以察觉的辨识风险，容易导致风险信息突如其来、迅猛泛滥，成为一些特定组织的话语加油站，进而诱发环境维权群体事件。

五、因势利导化解难题

从社会结构相对简单、生产力相对落后的农业社会到社会结构日

---

① （英）彼得·泰勒-顾柏、（德）詹斯·O. 金编著，黄觉译：《社会科学中的风险研究》，中国劳动社会保障出版社，2010。

② 潘岳：《和谐社会目标下的环境友好型社会》，《资源与人居环境》，2008 年第 7 期。

益繁复、生产力水平一日千里的工业社会，我们走过不同寻常的漫长历史进程。现代化在很大程度上会引起社会上各种社会势力的集聚化和多样化。[1] 当社会发展到一定阶段，各种社会力量的"集聚化和多样化"，既创造汹涌澎湃的物质文化财富，又使得社会信息"集聚化和多样化"，构成我们观看事物、打量外界的信息世界。

微信和人手一部智能手机的兴起，加速信息流动，丰富民众表达，促成微信舆论场的形成，也带来信息碎片化、环境污染型工程项目"污名"、表达情绪化等问题。负面信息如果不能及时清除，结果就真伪难辨、鱼龙混杂。各种各样的情绪表达不经过理性沉淀，很可能变成人云亦云、三人成虎，最终将会耗费不菲的社会成本，影响一些地方的和谐稳定。

从历史的维度看——

拥有近 14 亿人的多民族国家实现现代化，破解的是历史上前所未有的超大规模发展难题。作为全球经济增长的重要引擎，近年来中国对全球经济增长的贡献率接近 30%。[2]

作为全球经济增长的重要引擎，中国不可能完全脱离重化工业，

---

[1]　（美）萨缪尔·P. 亨廷顿著，王冠华等译：《变化社会中的政治秩序》，上海人民出版社，2015。

[2]　周树春：《以深入阐释新思想构建中国特色话语体系》，《求是》，2019 年第 21 期。

需要兴建一定数量的环境污染型工程项目。在环境维权动员过程中，出于信息不对称、社会焦虑等原因，一些动员主体有意或无意罔顾事实真相，推送大量放大环境污染型工程项目负面效应的"多样化"信息。动员客体的无意识盲从和情绪传染有可能触发防不胜防的舆情危机，演化成线下"集聚化"的群体事件。

当代中国有世界上数量最多的网民，从年龄构成看，我国网民以中青年群体为主。让更多的中青年能够参与微信、深入微信使用，是很多互联网公司和媒体培育创意的核心竞争力。中青年网民思维活跃，视野开阔，大多受过良好教育，热心关注社会事务，是一个地区、一个单位的中坚人群。他们如何看待舆情，看待环境污染型工程项目，对我国与环境污染型工程项目相关的舆情走向发挥不可忽视的作用。庞大的用户数量、良好的用户体验、以中青年为主的网民结构使得微信成为当代中国舆情表达的重要平台。积极应对微信动员风险，必须多管齐下，统筹兼顾。

（一）重视民众合理关切，妥善解决实际问题

群众利益无小事，一枝一叶总关情。环境维权群体事件在萌芽阶段大都经历合理诉求的过程。民众出于健康顾虑、安全顾虑、房产财富顾虑等原因，积极向有关部门反映诉求。平心而论，追求安全与健康为

民众与生俱来的权益。任何一个人都希望环境污染型工程项目离自己家越远越好。我们不能简单将"邻避心态"视为负面、对立的事物。对大多数老百姓而言，需要花费很大气力才能在城镇购买一套安身立命的住房。安居乐业为老百姓最直接、最关心、最现实的利益问题。

由于种种原因，一些部门重视公众呼声不够，使得小事拖大，形成环境维权群体事件。妥善解决环境维权群体事件的根本之道不在严防死守、围追堵截，而在于合理疏导、有的放矢，有所为有所不为。发展依靠人民，发展为了人民，发展成果由人民共享。始终站在人民立场上想问题，做决策，把实现好、维护好、发展好人民根本利益作为一切工作的出发点和落脚点。

坚持和发展民主集中制。民主集中制能保障我国的制度整合力，在我国，民主集中制作为根本的组织制度和领导制度，不仅体现了党和国家领导体制的关系原则，同时也是一个决策过程，在国家—社会、中央—地方、政府—企业各个维度上把不同领域组织起来，展现了我国国家治理的制度组织力和国家能力。民主集中制作为革命年代形成的政治组织原则，有效地强化了群众路线下的政治参与，既行使国家权力，又保障了人民权利，最大程度地展现了民主与集中的辩证统一，使得社会在增强活力与创造力和重建能力与秩序之间保持高度的稳定。①

---

① 曲青山：《深刻认识党的十九届四中全会的重大意义》，《前线》，2019年第12期。

人在哪里，舆论工作的重点就要在哪里。社会信息化时代，老百姓上了网，社情民意也就很大程度上跟着上了网。社情民意在多空间、多场域、多样化地呈现，难免呈现众声喧哗、各说各话的局面。一个社会有不同的声音，正常不过，最可怕的是鸦雀无声。大众麦克风时代，有关部门应该努力和对公共治理"说三道四"的普罗大众和谐共处。微信使用者来自社会方方面面、各行各业，这为有关部门了解民意、体察民情提供媒介平台。海纳百川，有容乃大。充分尊重人民表达的意愿、拥有的权利、创造的经验。有关部门充分体察民众所思所想，汇众人之智，聚众人之力，最大程度解决环境污染型工程项目带来的扰民问题。关口前移，防患于未然，实施积极的源头治理、系统治理、依法治理、综合治理，把矛盾解决在萌芽状态，有效避免事后被动处理的局面。

把解决突出生态环境问题作为民生优先领域，积极回应人民群众所想、所盼、所急，大力推进生态文明建设，提供更多优质生态产品，不断满足人民群众日益增长的优美生态环境需要，就是践行以人民为中心发展思想的具体体现，彰显了中国共产党改善民生、造福人民的初心和使命，开创了中国共产党执政理念和执政方式的新境界。[1]

---

[1] 中共生态环境部党组：《以习近平生态文明思想为指导 坚决打好打胜污染防治攻坚战》，《求是》，2018 年第 12 期。

（二）积极寻求最大公约数，争取绝大多数网民的理解和支持

在环境维权动员过程中，有分歧、争议正常，有不同声音，甚至是比较刺耳的声音也不足为奇。不能因为民众声音不能整齐划一，做到"清一色"，就指责对方动机不纯，上纲上线，将对方推到对立面。实际上，一旦事件发生，谣言就很难控制，但通过提供贯穿整个应急事件始终、并易于理解的信息，就可以将谣言的范围和影响降到最低。①

参差多态是一个社会发展的正常现象。改革开放以来，资源配置、效率配置的转化和劳动产品分配方式的改变导致不同利益群体利益格局、利益诉求、利益表达的变化。不同网民因为切身利益，出现不一样、不一致的声音。应该看到，网络民意不完全百分百等同于现实民意。网络信息庞杂多样、泥沙俱下，有时还存在对某些问题的放大、夸张、"污名"。舆论生态复杂多变，始终要把围绕中心、服务大局作为工作基本职责，把 "互动聊聊""上网看看"作为一种工作习惯，把"上网"作为一种工作方式，把"用网"作为一项基本功，把"懂网"作为一门群众工作必修课。胸怀大局、着眼大事、把握大势，找准工作切入点和着力点。

世事纷繁多元，我们必须坚持团结、稳定、加油、鼓劲、正面宣传

---

① （美）珍妮·X. 卡斯帕森、罗杰·E. 卡斯帕森编著，童蕴芝译：《风险的社会视野：公众、风险沟通及风险的社会放大（上）》，第72页，中国劳动社会保障出版社，2010。

为主的舆论导向。面对网络空间，不断提高鉴别力、敏锐性，全面客观看待问题、冷静理智分析舆情，既不被网络舆情"牵着鼻子走"，也不对网络舆情"视若无睹"。调动一切可以调动的积极因素，激发一切可以激发的积极因素。很多网友"拉一拉"就是无话不谈的朋友，"推一推"就是形同陌路的路人。积极寻求最大公约数，画出最大同心圆，固守增进民生福祉这一大家公认的圆心。同一个圆心是民心同心圆的首要特征。找准圆心、固定圆心，才能画出最大同心圆。增进民生福祉是发展的根本目的。把增进民生福祉这一圆心固守住，包容的多样性半径越长，画出的同心圆就越大，越能团结一切可以团结的力量，越能激发一切可以激发的有利因素。社会需要共识，也渴望共识。求同存异，兼容并包，让彼此关切、彼此交集成为彼此交融的共同同心圆，追求大家都能接受的最大公约数，共同创建大家的美好生活。大家的事情，大家商量着办。凝聚共识，发展共识，推动环境污染型工程项目相关建设就能事半功倍，举一反三。

（三）及时准确发布优质信息，避免出现优质信息缺失的真空状态

微信是个快速发布信息、即时反应的信息媒介，也是互动交流的信息机制。人手一部智能手机具有随时、随地、随身传播的功能特点，

更容易获得第一手的现场资料，使舆情信息与技术传播相互融合，实现了"第一时间、第一现场、第一报道"。如果主流媒体提供的信息姗姗来迟，或者语焉不详，顾左右而言他，在信息提供缺失的情况下，公众会积极从其他途径（往往是不可靠的信息源）来寻求答案，来弥补这种"信息真空"。负责的政府机构和开发者对这种来源的信息质量很难或是根本无法控制，同时，其未能提供公众所想要的信息，会造成一种试图进行掩盖的印象。①

人们需要信息，如同需要阳光、空气、水。由于种种原因，有关部门需要等待上级部门提供的新闻通稿，才能发布信息。经过宣传部门审核且统一口径的新闻通稿往往经历比较长的时间才能与芸芸众生见面。这也意味更为迅疾、时效性更强的微信信息遥遥领先，跑在新闻通稿的前面，塑造公众集体认知和观看世界的舆论图景。移动互联网时代风起云涌，浩荡前行。推动传统媒体与新兴媒体融合发展，占领互联网这个新的主阵地，既不容回避，也无可回避。不顺应这个大局乘势而兴，传统媒体就有被边缘化的危险，被时代淘汰绝非危言耸听。②

在环境维权动员舆论声浪悄然形成的情况下，有关部门要以高度责任感，对可能引发误解的事件主动回应，及时抢占舆论高地，实现优质

① （美）珍妮·X.卡斯帕森、罗杰·E.卡斯帕森编著，童蕴芝译：《风险的社会视野：公众、风险沟通及风险的社会放大（上）》，第31页，中国劳动社会保障出版社，2010。

② 《求是》编辑部：《媒体融合：用得好是真本事》，《求是》，2019年第6期。

信息高效精准投送，最大限度提升媒体影响力和宣传效能。移动互联网时代，一般性的、走马观花的信息铺天盖地，不足为奇，但见解深刻、思维缜密、思想深邃、权威准确的优质信息依然弥足珍贵，是我们这个时代珍贵的优质信息产品，在喧嚣的"舆论广场"中能起到"一锤定音"的作用。

有关部门对事件的积极态度，表明有关部门对事关民众切身利益的环境维权群体事件高度重视。及时报道事态进展，比沉默不语、任由新媒体信息狂飙突进要好得多。报道，本身就是一种负责任的积极态度。积极报道相关事项，用精准细腻、生动形象的"网言网语"而非刻板僵化、高高在上的"官话""套话"为人心"活血化瘀"，让社会紧绷的神经放松下来。春风化雨，润物无声，第一时间将环境维权群体事件的网络动员效力降到最低。

作为我国重要的思想文化资源，报纸、杂志、电视、广播等主流媒体的定调功能尤为重要。主流媒体的作用不仅是简单传播信息、发布信息，也有相应的社会政治功能。主流媒体"在多元中立主导、在多样中谋共识"，既要当时代变迁的风向标，又要做社会思潮的压舱石。要在民众中建立"只要上了主流媒体，那就可以相信"的稳定感、信任感。

主流媒体牢记角色使命，以"反应迅速、信息精准、处置得当"为原则，在关键时刻"勇亮剑，善发声"，及时准确发布第一手的优质信息，与时间赛跑，让主流媒体的声音能为广大民众听到，真正入脑、入耳、入心。

首发定调的权威新闻发布，必须精而又精，确而又确，有效引导舆论，让负面新闻的生存传播无所遁形。作为主流媒体，必须积极站在国家和社会"最大公约数"的立场上传播事实真相，而不是夸张炒作，一味放大环境污染型工程项目的负面效应；倡导社会互信，而不是放大不同利益群体的对立误解；引导社会共识，而不是迎合少数人士的偏激锋芒。主流媒体要多管齐下，多措并举，对民众的模糊认识、偏激认识要及时廓清，对民众的怨言怨气要及时化解，对错误看法要及时引导和纠正。定义、引导社会舆论，是主流媒体义不容辞的责任，也是无可替代的独特优势，最大限度扩大主流舆论价值影响力版图，形成网上网下同心圆。

第五章

工程项目建设难点及治理机制

凡事皆有度。

——中国俗语

隐患险于明火，防范胜于救灾，责任重于泰山。

——中国俗语

生态环境问题是政治问题，也是社会问题，经常掺杂各种利益诉求，稍有不慎，就会成为各种情绪的宣泄口。舆情应对得当，可以化解危机；舆情应对不当，很可能激化社会矛盾，成为社会冲突的导火索。近年来，各地不时出现生态环境"邻避"事件，一些生态环境问题处置不力，其中舆情应对不当是一个重要方面，加剧了公众与政府的对立，直接影响社会稳定，甚至导致生态环境问题向政治问题演变，威胁政权和制度安全。

——李干杰：在2018年全国生态环境宣传工作会议上的讲话，2018年5月29日。

一、利益多元与公共协商

环境污染型工程项目带来废水、废气、废渣、辐射、生物多样性流失等多重污染。无论是缓慢累积、不易显现的地下水污染、土壤污染，还是明显易见、感同身受的空气污染、地表水污染，抑或是错综复杂、望而生畏的辐射污染、重金属污染，周边民众都首当其冲。以"邻避行动"为代表的环境维权群体事件由此产生。以"反PX行动"为代表的环境维权群体事件频发，成为当代中国群体事件的显著特征。

这类"非阶层性有直接利益"[①] 的群体事件规模之大、波及之广，催生中国 PX 建设困局。

多数群体性事件发生的原因以民生和经济利益居多，但也有的是历史积累矛盾的突然爆发。尤其值得注意的是，近年来，环境污染引发的群体性事件以年均 29% 的速度递增，对抗程度总体上明显高于其他群体性事件。在各类群体性事件中，要特别关注非阶层性无直接利益群体性事件，这类事件的突发性和难以预料的特点最为明显。[②]

问题是时代的声音。环境维权群体事件频发，"对抗程度总体上明

---

①② 李培林：《加强群体性事件的研究和治理》，《中国社会科学报》，2011 年 2 月 9 日。

显高于其他群体性事件"。这类事件反映我国社会利益格局重大变化，昭示群众利益诉求新趋势。

建设资源节约型和环境友好型社会，在发展中更加注意能源、资源节约和生态环境保护，是当前我国转变发展方式的新要求。随着人民群众物质文化生活水平的提高，人民群众的健康要求和生态环境要求也不断提高，这对环境保护、食品安全和化工等企业的生产安全都提出了新的要求。近年来，污染环境问题的群体性事件快速增多，造成这些事件的原因，多数涉及食品安全、垃圾处理、有害化学物外泄等。①

时代在发展，社会在进步，当人们的生活水平、受教育程度提升到一定程度，"人民群众的健康要求和生态环境要求也不断提高，这对环境保护、食品安全和化工等企业的生产安全都提出了新的要求"。凡此种种，对社会治理也提出了新要求、新期待。中国是世界上第三个掌握PX生产核心技术的国家。PX产品广泛渗透人们的衣食住行——从人们身上穿的聚酯衣服到人们郊游时所用的帐篷，许多地方都可见到PX的身影。发展PX项目不仅为国计民生所需要，也能培育新的经济增长点、经济增长新动能。

消费与生产是一个环环相扣、相辅相成、相得益彰、互为条件的整体。从开采石油到冶炼石油，再到较为复杂且有相当技术含量的PX生

① 李培林：《加强群体性事件的研究和治理》，《中国社会科学报》，2011年2月9日。

产，以及随后的聚酯、抽丝、印染、纺织、服装、设计、销售、广告、运输，每一个环节都是一个庞大的产业群，都能带动大量人口就业。这些就业人口，既有石油开采运输工人、化工生产工人、化工产品设计师，也有服装生产商、服装设计师、服装广告商、服装销售商，涵盖人们民生的许多行业。

从人口资源禀赋看，我国是有着 14 亿人口、9 亿多劳动年龄人口且每年毕业大学生都在 800 多万的大国。14 亿人口，相当于发达国家[①]人口的总和。9 亿多劳动年龄人口，相当于美国、欧盟、日本的总人口。每年毕业大学生[②]都在 800 多万，超过许多小型国家（如新加坡、文莱）的人口。我国人口多，人均耕地少，耕地空间分布不均衡[③]，完全仰仗棉花之类的自然纤维无法满足人们的穿衣需求，发展合成纤维替代是解决我国人民穿衣问题的现实途径，也是生态文明建设、更好满足人们美好生活的应有之义。

从产业体系看，"我国拥有独立完整的工业体系，是全世界唯一拥有联合国产业分类中全部工业门类的国家。2018 年，我国 200 多种工

---

① 发达国家主要分布在欧洲、北美、大洋洲以及东亚地区。

② 新中国成立以来，获益于中国教育的稳健发展，我国每年毕业大学生呈现递增的趋势。2001年，全国大学生毕业人数 103.63 万，是我国大学毕业生人数突破百万大关的开始。2018 年，中国大学毕业生人数达到 820 万；2019 年，中国大学毕业生人数达到 834 万；2020 年，中国大学毕业生人数达到 874 万。从一家只要出现一个大学生，就被全村、全镇人羡慕，再到现如今的大学生，已经非常普遍，大学生"找工作难""就业难"也为社会广泛关注。

③ 我国耕地，主要分布在成都平原、渭河平原、长江中下游平原、松嫩平原等地。

业品产量居世界第一，制造业增加值自 2010 年起稳居世界首位。我国经济已经深度融入全球产业分工。完整的产业体系和强大的产业配套能力是全球产业链稳定运行的基石，也是中国经济的一大优势"。[1] 在"完整的产业体系和强大的产业配套能力"中，重化工业必然有其不容忽视的一席之地，并保持相当的生产产能。

绿水青山就是金山银山。作为世界第一人口大国和第二大经济体，中国必须要为生态保护区留下充足空间，守护绿水青山，做大金山银山，为我国人民提供更多更好的优质生态产品。

横向看，与其他国家相比，我国人多地少的矛盾十分突出，户均耕地规模仅相当于欧盟的 1/40、美国的 1/400。这样的资源禀赋决定了"大国小农"是我国的基本国情，不可能各地都像欧美那样搞大规模农业、大机械化作业。[2]

一定数量棉田的生产力有上限，棉田面积不可能大规模拓展，换言之，我国棉花生产总量有其一定的限度。据有关部门统计，目前我国合成纤维已占纺织纤维产量的 70% 左右，其中用 PX 生产的涤纶纤维占合成纤维总量的 80% 以上。用 PX 生产的涤纶纤维为我国人民的穿衣需求提供坚实支撑。

---

① 马建堂：《中国经济长期稳定发展的潜力来自何处》，《求是》，2019 年第 20 期。

② 《求是》编辑部：《做好乡村振兴这篇大文章》，《求是》，2019 年第 11 期。

然而，在我国工业产能普遍过剩的情况下，"十年来，我国 PX 自给率从近九成跌至五成"。[1] 分析近年来数据，造成我国 PX 需求缺口巨大的主要原因有两个——

①我国是纺织生产和出口大国，下游 PTA 产能从 2000 年的 200 多万吨发展到 2012 年的 3200 多万吨，导致对 PX 的需求大增；② PX 事件引发的争议，使政府和企业决策更加慎重，放弃或缓建 PX 项目，导致 PX 产能发展滞后。[2]

如《人民日报》这篇文章所言，"PX 事件引发的争议，使政府和企业决策更加慎重"，PX 项目落地不会一帆风顺，这使得有关方面投资、建设、运营顾虑重重，踯躅不前，这些因素在一定程度上弱化了 PX 产能。经济全球化时代，我们不反对进口国外 PX 产品，进口国外 PX 产品能发挥不同国家、不同生产组织的比较优势，也能用国外 PX 资源弥补一定时期的国内生产不充足、不充分。

但是，我们也要清醒认识到，中国不仅是一个生产大国，也是一个消费大国。我们也要立足国内产能，坚持自主生产，以我为主，不能把 PX 产品缺口越留越大，让国外 PX 生产商完全主导 PX 产品价格形成机制。环顾世界，在全球不稳定性、不确定性日益突出的时代，一旦国际市场上有风吹草动，国外 PX 生产商有可能拉抬 PX 产品价格，甚至有

---

①② 沈小根：《PX 产业，我们可以不发展吗？》，《人民日报》，2013 年 7 月 30 日。

可能限制 PX 产品出口。传导效应所至，国内消费者有可能面对价格高昂的 PX 产品，给我国人民生活造成一定的影响。

大国有大国的体量，大国也有大国的担当。作为世界上最大的超大型人口体和拥有庞大内需市场的第二大经济体，如果我们不生产 PX 产品，PX 产品的定价权就会受制于人，且价格容易大起大落，严重影响整个产业链的发展。一叶知秋，见微知著。从某种意义而言，"反 PX 行动"是当代中国社会转型的一个样本，PX 事件引发的争议和诸多不确定性"导致 PX 产能发展滞后"。其中蕴含的风险演化路径、过程模式以及经验教训，值得我们深入思考。

二、"反 PX 行动"的三种处理模式

"一闹就迁"——2007 年 3 月，105 名政协委员在全国"两会"联名签署提案，建议厦门 PX 项目迁址。5 月下旬，一条不知具体创作者的短信在厦门广为传播。

这条字数不多且危言耸听的信息迅速从手机端挤占厦门民众经常浏览的博客、论坛等互联网空间。短时间内，PX 项目被塑造成对厦门环境有负面影响的高度争议性项目。5 月 28 日，厦门市环保局局长以答

记者问的形式在厦门市委机关报——《厦门日报》向民众解答 PX 项目的投资规模、环境影响等。5 月 30 日，厦门市某副市长宣布缓建 PX 项目。一系列举动并未平息民众的疑惑和情绪。一些民众担忧，PX 项目"缓建"之后，一旦重启，将破坏厦门的生态环境，也将使人们的房产价格受损。6 月 1—2 日，部分民众上街集体表达诉求。

为了平息民众的担忧，6 月 5 日，厦门市科协印刷数万份宣传册，随《厦门日报》散发市民。这份名为《PX 知多少》的科普读物图文并茂、深入浅出，用通俗语言解释 PX 项目是什么，PX 项目能为当地带来哪些经济增长新动能。按照这份科普读物的说法，PX 毒性不大，对环境影响甚微。国外很多 PX 项目建在人烟稠密、各种生活设施齐备的居民区附近，比如，位于美国休斯敦的壳牌炼油厂与 Deer Park 城仅隔一条狭窄的高速公路；韩国蔚山 S-Oil 炼油厂、日本千叶石化区与居民区几乎挨在一起，彼此之间无明显的空间界限。

6 月 7 日，厦门市政府宣布，请国家环保部门组织环境评价专家对 PX 项目进行环境评价。至此，关于厦门 PX 项目的各种传言暂时消退，民众将期待的目光投向未来。12 月 5 日，国家环保部门公布环境评价结果——厦门市海沧区南部空间狭小，区域空间布局存在冲突。12 月 13 日，厦门召开环评座谈会，驻厦门的多家中央媒体获邀参加。会上，大多数民众明确反对 PX 项目进驻厦门。2008 年 3 月，福建省政府就厦门 PX 项目召开会议，决定将 PX 项目迁到福建漳州。此决定做出后，曾经在厦门风起云涌于一时的"反 PX 行动"落下帷幕。

来自厦门的消息称，福建省政府和厦门市政府上周末决定顺从民意，停止在厦门海沧区兴建台资翔鹭集团对二甲苯 (paraxylene，简称 PX) 工厂，将该项目迁往漳州古雷半岛兴建。厦门市将赔偿翔鹭集团，并在发改委批准后进行。

厦门企业界人士表示：这是民主进程的改善。

厦门一名企业界人士称，福建省政府上星期日针对厦门 PX 项目问题而召开的专项会议，已确定取消 PX 项目建设。他说，厦门市政府上星期四召开了有 99 名市民代表参加的座谈会，结果只有 6 人支持 PX 项目继续兴建，85% 以上的代表均表示反对。

据报道，福建省的所有领导参加了上星期日的专项会议，会议形成一致意见：决定迁建厦门 PX 项目，预选地将设在漳州市漳浦县古雷半岛。据悉，厦门市委、市政府高层官员当晚已同翔鹭集团高层初步达成迁建意向。

福建省委书记卢展工对厦门 PX 项目的态度是：虽然这是一个大项目、好项目，但是那么多群众反对，所以我们应该慎重考虑，应该以科学发展观、民主决策和重视民情、民意的视角来看待这件事。

卢展工还表示，迁建为上策，厦门市民反对上这个项目，说明市民的环保意识在增强。他也肯定了厦门市政府缓建和邀请专家重新进行环境评估的决定，表现出极高负责任的态度。

由于 PX 项目还在建厂初期阶段，企业损失还不算太大，厦门市政府表示愿意承担企业的经济损失。[①]

人们普遍认为，厦门市政府启动公众参与公共决策，体现执政"以民为本"理念，有关部门和民众良性互动，达到双赢。"由于 PX 项目还在建厂初期阶段，企业损失还不算太大，厦门市政府表示愿意承担企业的经济损失。"对企业、民众、有关部门而言，这是一个皆大欢喜、大家都可接受的结果。PX 项目来到漳州，当地对这个有史以来最大的投资项目认真经营，于 2013 年 6 月建成试投产。

宁波"反 PX 行动""抗议—博弈—终止"三个环节紧锣密鼓。

2012 年 10 月 22 日，部分民众在得知宁波市镇海区将要建设 PX 项目的消息后，到宁波市镇海区表达"反对 PX 建在宁波"的集体诉求。随后，民众大量转发 PX 项目的负面信息，群体心理（我们要健康，我们要生存）、集体认同（我是宁波人，我反对 PX）和环保逻辑（厦门能反对 PX，宁波为什么不能反对）交织作用，迅疾完成对宁波民众的集体动员。"反 PX 行动"在宁波当地为人瞩目。

① 中国法院网：《政府决策顺从民意 厦门 PX 项目将迁建漳州》。此信息为公开发布的信息，不涉及涉密信息。

2012 年 10 月 27 日，星期六，中共宁波市委机关报《宁波日报》在头版刊发社论——

近日，镇海炼化拟扩建一体化项目引起市民关注。连日来，有市民通过各种方式，表达关注自己家园和自身利益的诉求，这是无可厚非的。但在此过程中，却发生了一些不理性甚至违法的行为，极大地危害了宁波社会稳定大局，是不应该的，也是不允许的。

镇海炼化扩建一体化项目目前尚处在前期阶段，对于该项目的下一步进展，相关单位将根据《环境影响评价法》和《环境影响评价公众参与暂行办法》等有关规定，充分、透明地公开相关信息，分阶段组织召开由居民代表、行业代表和专家参加的环评听证会和认证会，在充分听取各方意见的基础上，进行民主决策和科学决策。

也就是说，对于该项目，市民今后完全有机会充分表达自己的意见和要求，有关部门也将认真倾听民声、充分尊重民意、广泛集纳民智。不管是现在还是今后，广大市民都应该认识到，愤怒和冲动，不是表达意见的途径，更不是解决问题的办法。只有保持理性，依法行事，才能更好地表明自己的态度，也才能为科学决策提供更有价值的声音。而一旦偏离了理性和法治的轨道，再理直气壮的表达，也会失去正义和力量。

当前，全市上下正团结一心，奋力拼搏，克服国际国内多重不利因素对经济发展的影响，加快产业结构转型升级步伐。这样的局面来之不易，理当倍加珍惜。而极少数人的不理性甚至违法行为，将会破坏这种稳定发展大局，最终对我们每个人的切身利益造成损害。我们相信，这是每个热爱镇海、热爱宁波的人都不愿意看到的，也不应该去做的。

我们的表达，不是为了让我们的城市更糟糕，而是为了让我们的家园更美好。在这一点上，党委、政府和全体市民的心是一致的。广大市民以大局为重，冷静理性、依法有序地表达自己的心声，就是对宁波稳定发展大局的最好维护，也是对我们共同家园的最好维护。应该坚信，党委、政府一定能够从全体市民的长远利益和根本利益出发，最终做出尊重科学、符合民意的决策。同时，对于极少数人的违法行为，也会坚决查处，绝不姑息。

维护稳定，促进发展，人人有责。让我们多做有利于稳定和发展的事，坚决不做和积极阻止不利于稳定和发展的事，共同维护好宁波稳定发展的大好局面，把我们的城市建设得更加美好。①

这份在宁波市委机关报——《宁波日报》头版显著位置发表的社论，从侧面反映 PX 项目在当地造成的巨大影响。这两份由政府部门发布的文书希望广大民众理性表达诉求，正确反映民意。"多做有利于稳定和发展的事，坚决不做和积极阻止不利于稳定和发展的事。"社论发表后，部分民众约定，周末集体表达诉求。10 月 27 日（星期六）、28

---

① 本报评论员：《共同维护稳定发展大局》，《宁波日报》，2012 年 10 月 27 日。

日（星期日），大量民众聚集到位于宁波中心地带的天一广场。①在各路媒体尤其是自媒体的密集报道下，不断衍生相关话题，如宁波移动电话网络受干扰、部分区域交通管制、通往该地交通指示牌被遮挡……一时间，各路消息沸沸扬扬，真伪难辨。部分网络活跃分子表态，"为了子孙后代，宁波需要蔚蓝的天"。舆情汹涌，奔腾向前。在"反PX行动"爆发5天后，宁波市政府在28日宣告取消PX项目。

同厦门、宁波两地"反PX行动"相比，茂名"反PX行动"事件升级更快。4月3日，《人民日报》发表《茂名"15死300伤"系谣言》②，以正视听——

记者寻访当地群众及茂名市人民医院等单位，了解到当时大致情况：3月30日上午9时许，有80多名群众聚集在茂名市区油城五路大草坪并慢行通过市区部分路段，以表达对拟建芳烃（PX）项目的不满。当天下午3时许，又有部分群众聚集茂名市委门前表达意见，有少数人扔矿泉水瓶、鸡蛋等，并拦截车辆造成交通堵塞，警察带回挑头分子29人协助调查；当晚20时许，一群不法分子开始在市区拦车辆，实施打砸行为，事后开始冲击茂名市委北门和东门。晚23时许，违法

① 天一广场是宁波融商贸、旅游、餐饮、休闲、购物于一体的大型城市中心商业广场，交通便利，人流汇聚，也是宁波最大的城市中心广场。

② 从作者查阅到的资料看，茂名"反PX行动"在很短时间内为《人民日报》关注，《人民日报》专门为此刊发文章。这从侧面反映了茂名"反PX行动"的影响之大以及事件的升级之快。

分子将停在市委东门附近一辆正在执勤的警车烧毁，随后小部分闹事者开始乘摩托车继续在市区多个地方打砸沿街商铺、广告牌，纵火烧毁多辆执勤警车及无线电通信车、拖车等。

针对事件性质的演变，当地公安机关迅速采取措施应对。事件目击者、在茂名广电系统工作的张先生对记者说，最后清场阶段，有两名受伤人员被送到当地医院。记者问，看到有人死亡没有？对方表示，没有见到，也没听说。

无人死亡怎么变成了"15死300伤"？知情者钟先生向记者介绍说，事情发生后，一些爆料者添油加醋，说死了人。一些境外媒体不来现场核实，假消息就如此流传出去了。①

这篇文章指出，"针对事件性质的演变，当地公安机关迅速采取措施应对"。同日，茂名市政府召开新闻发布会，宣布在没有充分达成社会共识前不启动 PX 项目。至此，茂名"反 PX 行动"暂告一段落。

三、多管齐下化解"反 PX 行动"

伴随社会转型、经济转型的加速，环境维权群体事件在可以预见的

① 李刚：《茂名"15死300伤"系谣言》，《人民日报》，2014年4月3日。

将来居高难下。一个时代有一个时代的社会意识，一个时代也有一个时代的问题和挑战。

维权意识不是老百姓与生俱来的，是这几年快速增长的，我们必须对这种快速增长有一个准确的估计。[①]

未来，无论环境维权"碰线而不逾线"，还是"超过法律红线"，都对中国的社会治理提出挑战。"反 PX 行动"频发使得中国 PX 建设困难重重，迟滞了中国的 PX 生产产能。三种"反 PX 行动"处理模式刺激其他地区民众放大"攀比""比较"心态，形成了不容忽视的负面效应。化解 PX 建设困局，必须根据"反 PX 行动"形成规律，统筹兼顾，有的放矢，对症下药。

（一）加快服务型政府建设，严格夯实环境准入门槛，以小制大，以简御繁

长期以来，中国政府具有事无巨细、包罗万象的全能型政府特征。在一定时期，"高度集中的、政府包管一切的社会治理体制"[②]对维护社会稳定、促进经济社会发展、调动各方面积极因素起到重要作用。政治为管理众人之事。改革开放以来，在绝大多数城镇从业人员由"单

---

① 李培林：《社会治理与社会体制改革》，《国家行政学院学报》，2014 年第 4 期。

② 李培林：《社会改革与社会治理》，第 190 页，社会科学文献出版社，2014。

位人"转变为"社会人"的过程中，政府面对分散的个人，不再面对一个个有着明确单位的"单位人"。这种情况下，大包大揽也给社会治理带来一定弊端。环境维权群体事件，是本应由民众、建设方"坐下来谈""有话好好说"的利益协商，转为民众向有关部门直接"发声"的抗议。环境维权群体事件发展到一定规模，夹杂多重力量，性质往往发生变化。有关部门只得调动很多资源应急处置。

这样一种将事情"闹大""拖大"之后再处置的方式将掌握大量资源的有关部门置于社会冲突的前沿地带。每一次处置，耗时费事，带有一定的被动。为了尽快平息事件，有关部门倾注大量人力、物力、财力，有的时候"不惜一切代价"。单位时间处理某一特定事件的治理成本和财政成本高昂。假如地方财政并不宽裕，善后处置费用不菲，这种处理方式将大幅挤压民生方面的支出。在可以预见的将来，随着中国少子化和老龄化①加剧，涉及民众养老、医疗的民生支出将维持在一个相当高的水平，严重的老龄化预示经济活力受到影响，税收基础狭窄，这也意味我们必须为未来积谷防饥、多做准备，将每一笔钱、每一分钱都精打细算，用在真正需要的地方。与此同时，也要尽量降低环境污染群

---

① 人口老龄化是人口生育率降低、人均寿命延长导致的总人口中因年长人口数量增加、新生人口相对减少而形成的老年人口比例增长的状态。中国正进入深度老龄化社会。2019 年，中国出生人口降至 1465 万，65 岁及以上人口占比达 12.6%。一般而言，人口老龄化使经济增长活力下降，财政收入随之放缓。与之相对，人口老龄化所带来的养老支出、医疗支出以及其他方面的支出将加重财政支出压力。有学者认为，老龄化将带来缓慢的财政危机，这就要求我们必须为未来的财政状况做好相应的准备。

体事件发生频率。

隐患险于明火，防范胜于救灾，责任重于泰山。地方政府积极加快职能转变，建设治理效能更高的服务型政府，实现从重事后处置到源头治理、系统治理的转变。见微知著，明察秋毫，从产业政策、规划布局、环境影响等方面夯实刚性的环境污染型工程项目准入门槛，对不符合条件的环境污染型工程项目一律不审批，不放行，为公共利益站岗把关。源头准入的方式，看似简单，实则有效。它能四两拨千斤，事半功倍，以准入门槛优化环境污染型工程项目的产业布局，促进经济社会高质量发展，有效避免环境维权群体事件频发状况。

（二）以现有石化基地挖潜改造为重点，促进 PX 项目在存量基础上提质增效，严把新建 PX 项目入口关

石化产业是我国经济的重要支柱，产业链条绵延繁复，产品覆盖面广阔，与人民的生产生活息息相关。在全球经济竞争加剧、资源环境约束加大、部分化工产品依赖进口的情况下，必须按照合理规划、安全环保、提高效益、绿色发展的原则，做好石化产业布局，使产业发展与民生改善相辅相成。在民众"逢 PX 必反"的今天，新建 PX 项目面对的阻力可想而知。做好 PX 项目选址，既要考虑民众的"邻避心理"以及可能遇到的反弹情绪，也要落子精确、精细、精准，避免

PX 项目"一窝蜂"盲目违规乱上,确保兴建一个 PX 项目,成功一个 PX 项目。

中国现有七大石化基地——大连长兴岛、河北曹妃甸、江苏连云港、上海漕泾、浙江宁波、广东惠州、福建古雷,区域位置独特,交通便利,上、中、下游产业链完善,工艺优化、产业整合和产品运输便利,是我们促进 PX 项目在存量基础上提质增效的出发点和立足点。要按照精益求精、统筹布局、资源优化、产业集约原则,盘活存量化工生产基地,完善陆上能源进口通道、海上能源进口通道和配套石化项目布局。以现有石化基地挖潜改造为重点,提高单位生产空间、生产单位的产出效率,发展高附加值产品、高品牌价值产品,更好促进现有石化基地的高质量发展。

对确实需要上马的新建 PX 项目,必须严把环境准入关。充分考虑区域环境承载力① 以及这一地区提供优质生态产品的能力,严格落实区域环境规划与 PX 项目环境影响评价的联动机制。前移管理重心,发挥环境评价的源头预防和治理作用,把"滞后"的危机管理变成积极预防、防患未然的源头治理。东西南北中,全国一盘棋。有关部门的决策必须符合国家整体利益。石化产业规划布局方案一旦确定,必须坚定不移维护其严肃性、权威性。

---

① 中国地大,一方水土养一方人。一方水土的环境承载力是有上限的。区域环境承载力又称区域环境承受力,是在某种环境状态下,某一区域环境对经济社会发展活动的支持能力的限度。区域环境承载力既为人类经济社会发展提供空间和载体,又为人类经济社会发展提供资源并容纳废弃物。

（三）加强与民众的风险沟通，把集思广益、弥合风险感知差异贯穿决策全过程

从过往情况看，有关部门对 PX 项目兴建经常遵循"有关部门决策—公开宣布—事后辩护"三个阶段。由于有关部门决策相对封闭，第一阶段，大多数民众对 PX 项目并不知情，有关部门可以"走过场""走程序"，将决策在一个相对封闭的小圈子内进行。第二阶段，PX 项目即将开工的消息传出，民众感觉自己被排除在决策过程之外，难免有种失望。互联网时代，新媒体传播的酣畅淋漓和缺乏把关等特征使得大量关于 PX 项目的负面信息夺路而出，形成声势浩大的网络舆论。"新的社交和信息网络也会让相互冲突、有时互不相容的价值体系短兵相接。"① 不同的人站在不同的立场，对 PX 项目有着截然不同的看法和观点。如此"短兵相接"，更增加了民众对 PX 项目安全性、稳定性、可靠性的疑虑。第三阶段，有关部门举办新闻发布会、记者招待会向民众传达 PX 建设必要性、环境风险可控性等信息，这些具有垂直型输出特征的事后辩护无助于化解民众疑虑。

"人人都有麦克风"的今天，信息传播从自上而下的单向传播转向四通八达、左右互动的交互传播、圈层传播，信息的流动渠道、流动方式发生根本改变。有鉴于此，必须由单纯的信息发布转变为集中民意、

---

① （美）亨利·基辛格著，胡利平、林华、曹爱菊译：《世界秩序》，第 465 页，中信出版社，2015。

汇聚民智的辩证统一。将项目论证与集思广益、调动方方面面积极性有效结合起来。"风险沟通者需要培养一种强大的倾听能力，来了解有关风险和收益的分配。"① 有关部门将民众纳入风险决策全过程，必须始终保持"充足信息""充分沟通"状态。"充足信息"，是指有关部门及时全面、全方位多角度提供完整的信息，"充足信息"是做到正确决策的基础。"充分沟通"，是指从项目立项到项目运营全过程，自始至终进行深入细致的沟通，知无不言，言无不尽，最大程度弥合彼此之间的差异，争取方方面面都能接受的最大公约数。

面对民众要求 PX 项目"零风险"与技术系统"无限将风险趋近为零"之间的张力，有关部门既不随意"打包票"，承诺"零风险"，也不对可能发生的风险遮遮掩掩，应向民众传达 PX 项目风险可防、可控、可治的明确信息。民众参与程度越高，越有可能接受风险决策结果，越有利于弥合民众与有关部门之间的风险感知差异。

围绕着 PX 项目的各种争议是一次开展科普教育、凝聚社会共识的好时机，通过各方面的努力让公众真正理解 PX 项目，同时政府和相关企业也了解公众对 PX 项目的态度，在这个基础上进行深入沟通和协调，从而更好地推动项目的进展。②

---

① （美）珍妮·X. 卡斯帕森、罗杰·E. 卡斯帕森编著，童蕴芝译：《风险的社会视野：公众、风险沟通及风险的社会放大》（上），第 29 页，中国劳动社会保障出版社，2010。

② 《光明日报》，2014 年 4 月 17 日。

（四）按照"谁影响、谁受偿"原则，积极稳妥推进利益平衡机制，促进 PX 项目与地方融合发展

经过几十年的运营实践，PX 项目证明具有较高的稳定性、安全性。然而，不时发生的安全事故给国人敲响警钟——项目运营和安全监管难免百密一疏。突如其来的一次安全生产事故就有可能给民众造成相当的负面健康影响和心理压力。

发展 PX 产业，归根到底是为国计民生。面对日渐扩大的需求缺口，我国 PX 产业发展势在必行。而公众对立项、环评、安全、监管等环节的忧虑和关切，同样值得高度重视。产品再低毒、设备再先进、流程再严密，"人"的因素，始终是决定性的。监管的人、管理的人、生产的人……只有每个人都死守安全底线，才有真正的可靠可信。[①]

在无法完全消除 PX 项目负面影响和安全事故的情况下，积极稳妥推进利益平衡机制，比单纯使用一刀切的行政手段、行政命令更为有效。促进 PX 项目与地方融合发展，让民众共享 PX 项目发展成果，达到地方政府、PX 项目建设方、民众三方共赢、共发展。PX 项目建设方让渡一部分预期的经营收益，定向为当地民众提供一定数量的就业岗位；有关部门提供更加完善、更为细致的公共服务，如增加当地民生投入、改善当地公共环境，给予民众使用水、电、天然气一定额

---

① 沈小根：《万幸，不能侥幸》，《人民日报》，2013 年 7 月 31 日。

度的优惠，弥补民众生活环境可能发生改变、房价有可能波动的心理预期。

他山之石，可以攻玉。有关部门还可借鉴国外一些环境污染型工程项目化解民众抵触情绪的好做法。被誉为"世界最美垃圾焚烧炉"的丹麦"能源之塔"垃圾焚烧炉，采用特别的多孔设计，美轮美奂、独树一帜的艺术造型与周边环境相得益彰、融为一体。到了夜晚，"能源之塔"垃圾焚烧炉内发出的闪烁光芒与满天星斗交相辉映。丹麦"能源之塔"通过燃烧垃圾的方式发电，做到资源高效集约利用。由于运行效率高，它从丹麦城市及邻近丹麦的国家运来大量垃圾，有效减低这一地区的环境负荷。"能源之塔"的利用率高达 95%，可为 6.5 万户人家供电、为近 4 万户人家供暖。"能源之塔"的设计灵感来自历史悠久、文化深厚的罗斯基勒大教堂[1]，工艺美学设计美轮美奂，绿色发展理念完全融入当地的生产生活。秉持"创新、协调、绿色、开放、共享"五大发展理念[2]，PX 项目建设方完全可以精心经营 PX 项目，不断优化设计方案，实现环境污染型工程项目的高质量发展，使其真正成为民众的好邻居、好伙伴。

---

[1] 罗斯基勒大教堂，是丹麦赫赫有名的卓越建筑精品和旅游景点。该教堂始建于 1170 年，是斯堪的纳维亚第一座砖砌的哥特式大教堂。1995 年，世界遗产委员会将其列入世界遗产名单。

[2] 五大发展理念，是关系我国发展全局的重大思想观念变革。中国共产党第十八届中央委员会第五次全体会议，于 2015 年 10 月 26 日至 29 日在北京举行。全会强调，实现"十三五"时期发展目标，破解发展难题，厚植发展优势，必须牢固树立并切实贯彻创新、协调、绿色、开放、共享的发展理念。五大发展理念引领中国发展，不断朝着更高质量、更有效率、更加公平、更可持续的方向前进。

（五）以安全生产为抓手，提升 PX 项目整体安全系数，逐步摆脱 PX 项目高风险形象

受制于利益补偿不健全和 PX 项目可能带来的安全生产漏洞，民众将 PX 项目视为与自身利益格格不入的风险源。化解这方面困境，利益平衡机制、利益补偿机制可以作为一种方式，即用 PX 项目一部分经营收益、有关部门定向提供更多公共产品平衡民众损益之间的不匹配。但是，只有在民众认为 PX 项目足够安全、足够稳定的前提下，利益平衡机制、利益补偿机制才能行之有效。如果在当前和今后一个时期 PX 项目频繁发生重大安全事故，那么就会固化 PX 项目高风险、高危险的形象，民众依然会排拒 PX 项目。

从道义上讲，防止损害和不公平的发生要远胜于对其发生做出的赔偿。①

安全生产责任重于泰山，安全生产是企业可持续发展的重要保障。有鉴于此，必须严进严出，全程把控，实施 PX 从业者终身负责制。在实践中不断优化建设方案、生产工艺。在每一个生产细节、经营细节精工细作，不制造、不传递安全隐患，以此为契机，打造一支优秀的 PX 建设生产队伍，谁做得好就交给谁做。抓紧建立 PX 项目安全生

---

① （美）珍妮·X. 卡斯帕森、罗杰·E. 卡斯帕森编著，童蕴芝译：《风险的社会视野：公众、风险沟通及风险的社会放大》（上），第 33 页，中国劳动社会保障出版社，2010。

产责任体系，努力将 PX 项目的安全运营常态化、固定化。有关部门负责同志亲力亲为，"坚持管行业必须管安全、管业务必须管安全，加强督促检查、严格考核奖惩，全面推进安全生产工作"。[①] 安全生产是化解 PX 建设困局的"关键一招"，它能从根本上遏制"反 PX 行动"频发势头。

四、不同利益主体在求同存异中融合发展

在我国社会转型期，民众的维权意识、环境意识越来越强，互联网和社交媒体的大规模崛起为民众串联整合提供前所未有的便利，"反 PX 行动"释放巨大的动员能量，为国内和世界舆论瞩目。与此同时，我国经济从高速增长阶段迈向高质量发展阶段，面对人口、资源、环境等方面越来越大的压力，拼投资、拼资源、拼环境的老路已经走不通。[②] 老百姓从过去"盼温饱"，到现在"盼环保"；从过去"求生存"，到现在"求生态"。环境问题往往最容易引起群众不满，弄得不好也往往最容易引发群体性事件。[③]

---

① 习近平：《习近平谈治国理政》，第 196 页，外文出版社，2014。
② 《求是》编辑部：《发展理念的一场深刻革命》，《求是》，2019 年第 10 期。
③ 中共中央文献研究室：《习近平关于社会主义生态文明建设论述摘编》，第 84 页，中央文献出版社，2017。

因为种种原因，一些环境污染型工程项目落地运营，有关部门收获一定比例的税收和财政收入，而当地民众却并未从中获得真真切切的实际利益。一部分民众秉持"事不关己、高高挂起"心态，将环境污染型工程项目视为与己无关之物。更有甚者，一些环境污染型工程项目污染重重，给当地民众带来诸多负面影响。当地民众没有获得相应的经济补偿、物质补偿、教育补偿、精神补偿，故发动多起环境维权群体事件。

纵观已经发生的多起"反PX行动"，PX项目有益于国家整体利益、社会长远利益、却给当地环境、民众心理、民众身体健康、小区房价带来多方面的潜在负面影响，民众对PX项目的抵触情绪多来源于此。在利益主体多元化的今天，对相关的利益攸关方给予一定的环保回馈是减少建设阻力的可行之道。共同利益与每一个人脉脉相通，它具有共建、共享、共有的特点。有鉴于此，必须积极构建企业—地方—民众利益共同体。

（一）环境污染型工程项目定向为当地民众提供一定数量的工作岗位

就业事关千家万户幸福，是最大的民生。环境污染型工程项目虽然带来一定程度的污染，但也创造一定数量的实体经济工作岗位。在人工智能、云计算、大数据、智能交通等新科技不断冲击、蚕食传统就业岗位的情况下，由环境污染型工程项目释放的就业岗位能增进当地民众福祉，促进当地经济社会可持续发展能力。"一人就业，幸福全家。"环境污染型工程项目优先为当地民众提供持续的技能培训、教育培养，优先录用当地工作人员。如果当地民众充分享受企业发展带来的好处，就会大幅降低对环境污染型工程项目的排拒心理。有的环境污染型工程项目在工作招聘优先录用当地大学毕业生，极大缓解大学生的"找工作难""就业难"，被当地民众视为一项善举。

（二）地方政府从环境污染型工程项目税收中按一定比例划拨资金，精准定向支持当地残障人士、孤寡老人等弱势群体

"老吾老，以及人之老。"[1]有关部门以良好的制度设计优化利益分配，对一些确实需要照顾帮扶的社会群体给予更多、更好、更细致入微的照顾，以此为切入点推动利益共同体的发展。如，环境污染型工程项目每年为当地的福利院、养老院提供一定数量的物质支持，以"企业公民"的善举夯实社会保障网络和社会支持网络。通过有的放矢、定向支持的社会福利，极大提升环境污染型工程项目的社会形象。完善社会责任，更好地为当地民众认同和接纳。

---

① （战国）孟子：《孟子·梁惠王上》。

（三）立足环保和可持续发展，环境污染型工程项目有效回馈社会

一些环境工程项目以"环境"与"成长"两大主题，在国内积极开展社会贡献活动。有的环境污染型工程项目建设方积极建设社区卫生中心、社区餐饮中心、社区公共图书馆，让周边民众享受近在咫尺的良好公共服务；有的环境污染型工程项目建设方建设集绿色、自然、美好为一体的公园，集再生设计、低碳绿色、娱乐体验等功能于一体；有的环境污染型工程项目建设方在繁华都市的中心地带或花园认养公共休闲绿地；有的环境污染型工程项目建设方在人迹罕至、生态环境恶化的苦寒之地兴建企业社会责任林、公益林项目，积极应对全球气候变暖。

"问渠哪得清如许，为有源头活水来"。[①]发展是解决我国一切问题的基础和关键，也是中国的永恒课题。发展必须是科学发展，必须坚定不移贯彻创新、协调、绿色、开放、共享的发展理念。从根本而言，化解"反 PX 行动"，必须以五大发展理念为指引，妥善处理好国家利益与局部利益、经济发展与社会稳定的关系。在"人民美好生活需要日益广泛"的时代背景下，有关部门要积极引导、有效凝聚各方面力量，以推进 PX 项目与地方融合发展为抓手，从过去的一元单向治理

---

① 朱熹：《观书有感》。

向多元交互共治转变，使不同利益主体在求同存异中融合发展。有了
这样一些你中有我、我中有你的利益交汇点，有了这样一些大家都能
接受的最大公约数，就能最大限度化解阻力，实现积极良性的融合式
发展。

附　录

一、邻避行动：从对峙到融合 [①]

1992 年，美国的一家能源公司拟在密歇根州的一个小镇建设废弃物转化能源工厂。通常而言，城市产生的废弃物种类庞杂，在城市兴建转化能源工厂就地取材，节约大量运输费用。何以这处名不见经传的小镇会成为能源公司的选址对象呢？

同资源富集的城市相比，小镇人口较少，在此选址较少面临见缝插针的难题。诸如废弃物转化能源工厂之类的环境污染型工程项目能变废为宝，可是，项目运行带来的环境污染，如明显易见的废水、废气、废渣，难以显见的地下水污染、生物多样性流失等，给周边民众造成负面影响。民众集体排拒，发起"邻避行动"。

"邻避行动"由环境维权群体发起。俗话说，十个指头不是一般

---

① 此文发表于 2016 年 9 月 1 日的《学习时报》。

长。强势地区、弱势地区发起"邻避行动"，社会影响程度自然大相径庭。如果能源公司在资源荟萃的城市兴建项目，包括媒体报道在内的各种压力就会接踵而至。因此，能源公司有意将项目放到诸如小镇这样的弱势地区，舍近而求远。

经与小镇政府协商，项目选址在小镇北部的一处公园附近。这里有数百户中低收入家庭。能源公司在小镇选址也遵循避开中心地带、避开强势社区、避开地标建筑的原则。在接下来的面向小镇民众情况说明会上，能源公司代表反复谈及项目的利益，对可能给周边民众带来的负面效应闪烁其词，数百户中低收入家庭如坐针毡。

不同于小镇那些经济实力雄厚、能轻易迁移他处的民众，一旦项目落地，意味这些难以搬家的中低收入家庭长年累月与污染为伴，健康状况、房产价值受到影响。面对自己有可能被锁定在"被污染"的轨道上，这些平时联系甚少的中低收入家庭前所未有地聚集到一起。有的民众使出浑身解数，对项目何以落户当地的来龙去脉穷追不舍。

在地方议会选举中，有民众指出，现任议会在项目选址中受到能源公司的控制，存在不正当利益输送。发生于官员和财团之间的暗箱操作被民众和媒体报道摆上台面，小镇所有民众站在一起，相关官员因此下马。

从历史的角度看，诸如"邻避行动"这样"非阶层性有直接利益"的群体事件，是一个国家或地区工业化、城市化发展到一定阶段的产物。在"邻避行动"中，民众质疑"谁把项目建在我家后院""为什么决策过程把我摒除在外"。随着风险密度和复杂程度的增加，"风险的社会放大"突破临界状态，有时会让决策者不知所措。为了息事宁人，决策者会叫停项目或将项目迁移到更加弱势的地区。小镇事件在美国环境污染型工程项目建设史上影响深远，项目选址决策发生重大变化。

集思广益，"制定基础广泛的参与过程"。此前，项目选址大多采用"内部决策—公开宣布"模式。民众在决策阶段被排除在外，几乎没有任何发言权。随着民众维权意识的高涨，这种自上而下的封闭决策受到挑战。民众反对地方政府和项目建设方未经他们同意将家园作为决策目标。为了化解压力，决策由过去的两方变成地方政府、项目建设方、民众三方。同时间较短、更容易达成决议的两方决策相比，"制定基础广泛的参与过程"旷日持久，千头万绪。而且，民众对一件事情的看法，从来就仁者见仁，智者见智，有可能陷入劳而无功的局面。但磨刀不误砍柴工。通过这种必不可少的沟通方式，确保民众的知情权、参与权，为不同利益主体求同存异搭建平台，为大家都能接受的"最大公约数"的出现创造了可能。

节约资源，循环利用，从源头上控制废弃物产生量。诸如垃圾焚烧厂之类的项目与民众的生活方式相辅相成。所谓水涨而船高。面对日益严重的废弃物难题，很有可能出现垃圾焚烧厂越建越多、缓不济急的困境。为了降低废弃物产生量，许多城市在商品生产阶段，鼓励生产厂家使用可以降解的材料，尽量减少可能成为污染源的物质；在商品出售阶段，鼓励消费者购买对环境友好的商品；在废弃物回收阶段，通过堆肥、降解等方式实现资源的再生利用。多管齐下，控制废弃物产生量，连带降低了垃圾焚烧厂的新建数量。

"环保回馈"，平衡项目所在地民众的风险和负担。项目有益于社会整体利益，但对所在地民众利益造成损害，民众发起"邻避行动"，希望项目离自家后院越远越好。通过一系列的"环保回馈"，能较好平衡项目所在地民众的风险和负担。如给予周边民众降低电价优惠，为周边小区提供免费处理垃圾服务、健身场馆、公共图书馆等等。这里有一项前提，在民众认为项目运营足够安全的情况下，"环保回馈"能大幅降低民众集体行动的凝聚力，改变民众对项目的观感，矫正项目的负面效应。对一些特定项目，如核燃料项目、核电厂、放射性废料处理厂等，由于民众对核辐射根深蒂固的集体恐惧，"环保回馈"效用甚微，甚至有可能适得其反。对风险的熟悉程度以及潜在的灾难性后果塑造了民众反应。换言之，作为一项辅助手段，"环保回馈"有其适用范围，并非包治百病的"万灵丹"。

未雨绸缪，提高项目运营精准度，最大程度降低负面效应。项目在处理过程中造成二次污染，会给周边民众传达风险异常的强烈信号，相关技术与负面印象和随之而来的高频次媒体报道紧密相连，最终导致项目的"污名"。为了防止项目带来重大或不可逆的负面效果，最好是防患于未然，避免这种后果。项目运营方精益求精，多措并举，既管理难以解决的不确定性，也使项目安全运营，做到无害化处理，有力营造项目与周边民众相安无事的局面。时间一长，民众不会将项目视为负面事物。有的项目甚至位居闹市之中或居民区附近。

链 接

"邻避行动"：（Not In My Back Yard，取其首字母组合 NIMBY，音译结合翻译为"邻避"），是指为了兴建那些为社会所需要并能够给社会带来整体效益，而对周边居民产生不利影响的设施，如垃圾填埋场、精神病医院、监狱、化工厂、发电厂、焚烧厂等，周围的居民因为担心这些设施对其生存的环境带来诸多负面影响，产生"不要建在我家后院"的抵抗心理和抵触情绪，进而引发比较强烈的反抗行为，甚至演化为一定规模的集体行动。作为较早迈入工业化门槛的国家，美国的"邻避行动"在 20 世纪 70 年代便已兴起，经常导致选址僵局。在 1980 年到 1987 年间，美国共有 81 家废弃物处理场计划兴建。由于面临周边民众的强烈反对，最后仅有 8 座建成。

二、以环保回馈化解 "邻避思维"①

化工厂、火葬场、加油站、垃圾处理场，想必大家都不会陌生。任何一个人，假如他不避居山林、遗世独立，都会同上述四者发生这样、那样的交集。然而，不同于超市、学校、医院等场所，化工厂、火葬场、加油站、垃圾处理场的修建在今日中国遇到了前所未有的挑战，大有 "过街老鼠、人人喊打" 之势。

从民情、安全的角度而言，化工厂、火葬场、加油站、垃圾处理场，令人精神不悦甚至紧张，人人都不想其建在自家后院，这应当理解。然而今日之中国，"邻避运动"（外来词汇，指居民为了保护自身生活环境免受具有负面效应的公共或工业设施干扰，而发起的反对行为）以及 "邻避思维" 在各地普遍存在，动辄聚集上万甚至更多民众，释放巨大的社会动员力量，以排拒环境污染型工程项目的兴建，却值得我们每个人深思。

环境意识的觉醒，无疑是 "邻避运动" 和 "邻避思维" 的催化剂。火葬场、化工厂等建设同每个人都有千丝万缕的联系，难以建在荒无人烟处。现今，中国城市普遍地狭人稠，火葬场、化工厂等建设的择址，

_____

① 此文发表于 2014 年 5 月 14 日的《光明日报》。

各方都尤为关注。对于这些场所，公众莫不对其退避三舍。项目的选址，也成为政府部门非常头疼的一件事。

这种情况下，一些地方政府或将环保公示大而化之，或"顶住压力"将项目落地开工，一部分民众耳聪目明，借助便捷的网络以政府重大项目环保公示"走过场"，必须"尊重民意""珍爱生命"为号召迅速凝聚大量的民意资源，将"邻避运动"由线上拓展到线下。

"邻避运动"者不分男女老幼，一致对政府"发声"。一部分人抱着"小闹小解决、大闹大解决"的心态，不惜将事情闹大，甚至伴随种种过激行为，使得地方事件很快上升为全国关注的公共事件。众目睽睽之下，地方政府左右为难，往往以项目缓建或另觅他址，以期息事宁人。"邻避运动"堪为现代中国治理的一大挑战。对此，作者以为，环保回馈是化解当下"邻避运动"的一剂良方。

一方面，政府部门要加大宣传引导，让每一个人都发自内心地承认火葬场、化工厂等建设为自身生活所必需，深刻认识到每个人在享受现代生活便利的同时也须承担相应的责任。另一方面，在最大限度保证安全运营、降低污染总量的同时，由政府或运营单位多管齐下，给予周围民众适宜的经济补贴，额外提供充分的公共服务，给予周围的孩童相应的教育优待，向周围社区提供免费的文化、娱乐、医疗设施，让这些令人精神不悦甚至紧张的场地，不再冷冰冰地矗立一处。通过积极丰厚的环保回馈，令这些必需品同周围民众融为一体，建设利益共同体，就能减少阻力，造福社会。

三、雾霾可治，但要有决心[①]

"APEC 蓝"，短暂而美好。本届 APEC 之后，雾霾卷土重来，几度"锁"住京城，规律依旧——"无风就有霾"。APEC 期间，人努力，天帮忙。即便天气预报所言——"11 月 8 日至 11 日，受不利天气条件影响，北京将有重度雾霾"，"APEC 蓝"，依然穿越迷障，让碧空如洗。

雾霾可以治理，这一点，毋庸置疑。从 2008 年的"奥运蓝天"到今年的"APEC 蓝"，向我们昭示了集中力量办大事的伟力，也带给我们诸多思考。在某项具有重大国际影响的活动前，为了使空气质量大幅好转，人们全力以赴，打造"环京空气质量护城河"。然而活动一结束，雾霾就卷土重来。如此反复，是否意味着我们只能在重大活动期间才能见到蓝天呢？一旦这样的预期强化，关键时刻祭出临时救急措施，

---

① 此文发表于 2014 年 11 月 24 日的《光明日报》。

又往往能屡试不爽，我们的空气质量就很有可能平时"看天吃饭"、重大活动期间"稳如泰山"。

雾霾是高消耗、高污染生产生活方式的必然产物。病来如山倒，病去如抽丝。其治理，单纯偏重一方，难免按住葫芦浮起瓢。以北京曾经外迁工厂为例，从北京到河北，表面看来，将污染送出，实际上，空气污染，来来往往，难分彼此。再比如，APEC 期间关停 2000 多家工厂，庞大的经济损失，从何弥补？

不同于沙尘暴治理——只需在地广人稀、社会结构相对简单的沙尘源头持之以恒绿化即可，雾霾治理的空间，地广人众，不同社会群体的利益诉求错综复杂，治理难度也将随之水涨船高。雾霾为顽疾——可防、可控、可治，却千头万绪，非一日之功。没有决心，没有持之以恒的意志和行动，拨霾见日，是一条漫漫长路，甚至有可能陷入众说纷纭、不得要领的泥沼。在过去一年多时间，关于雾霾的成因，从市民生火做饭到农民焚烧秸秆，从全球气候变化到京津冀地区不利于大气污染排放，再到化肥大量使用导致土壤颗粒化，众口异声、莫衷一是。

雾霾治理，归根结底，是将污染总量降下来，把环境容量提上去。聚沙成塔，方能找到此消彼长的临界点。舍此，没有任何捷径。"APEC 蓝"过后，工厂停工、市民放假等举措当然难以为继。如果人们能为蓝天配以多管齐下的降耗减排措施，可以预见，雾霾治理不仅有坚定不移的路线图，还会有清晰可辨的时间表。若干年后，为某项重大活动而起的一时一地减排措施也就没有任何必要。毕竟，蓝天也是中国梦的一部分。

四、公共安全应补安全教育短板 [①]

公共安全高度复杂关联，事件或灾难一旦发生就会带来严重的后果。2015 年 6 月 1 日，"长江之星"号游轮倾覆于湖北监利江面。政府从各地调运精锐救援力量争分夺秒展开救援，但已无力回天，重大伤亡已无法避免。假设事前，人们接受过很好的安全教育、了解安全知识，如根据天气决定是否启航；船舶设计避免"头重脚轻"；救生通道留足空间……或许灾难不会发生，或许可以最大限度地挽救生命，减少灾难损失。安全教育，看似简单平常，关键时刻却能发挥大作用。

作为世界上最大的发展中国家，近年来，中国公共安全问题凸显，也是公共安全事件频发多发的国家之一。以 2014 年为例，香格里拉古城火灾、长沙校车侧翻、沪昆高速交通事故、昆山中荣公司爆炸、清华大学工地塌方、上海外滩踩踏事故……这些事件不仅造成重大人员伤

---

① 此文发表于 2015 年第 7 期《中国党政干部论坛》。

亡，也带来较大的负面影响，损害了中国的国际形象。

"公共安全连着千家万户，确保公共安全事关人民群众生命财产安全，事关改革发展稳定大局。"2015年5月29日，在十八届中共中央政治局第23次集体学习中，习近平同志特别强调公共安全，并提出要编织全方位、立体化的公共安全网。

从本质上说，公共安全问题，有相当一部分源于工业化大生产的复杂脆弱和风险社会的不确定性。在经济转轨、社会转型时期，自然天灾与人为因素相互叠加，传统与非传统安全互为作用，既有矛盾与新生矛盾相互交织，理性表达与极端行为并存，中国面临的公共安全形势错综复杂。因此，必须增强公众的忧患意识和责任意识，从全面系统多角度的安全教育入手，从亡羊补牢转向未雨绸缪。

作为公共安全的重要组成部分，安全教育是预防、减少各类安全事故的前沿阵地。长期以来，在升学压力下，中国的应试教育独树一帜，但安全教育极为缺失。人们安全意识匮乏，安全观念淡薄，安全易受侵害。学校及社会涉及安全教育的课程微乎其微。各种安全演习、安全培训、安全宣传等也少之又少。

首先，公共安全网的编织，需要统筹各方力量，应是"全方位、立体化"的。以人为本，生命至上，应补安全教育这块短板。当务之急，应加强青少年的安全教育。青少年是人成长成才的重要时期。如果青少年具备科学的自我保护知识和良好的安全习惯，那么系统完备的教育将使他们获益终身。

其次，根据不同行业、不同地区的风险类型，对症下药，完善消防、交通、化工、采矿、建筑等特定行业和人口密集区、城乡接合部的安全教育和应急演练，提升相关人士的安全意识，降低安全事故发生概率。在此基础上，积极开展"安全教育进万家"活动，加强卫生救护培训（如伤口包扎、骨折紧急处理、心肺复苏等），提升安全教育的实用性。即便公共安全事件发生，人们也能最大限度进行自救与互救，将灾害损失降到最低。

最后，要明确政府相关部门在安全教育方面的职责任务，充分发挥媒体强大的传播功能，通过公益宣传普及安全知识、提升民众的安全素养，为事后"灭火"转变为源头"防火"奠定良好基础。

五、环境维权者三种心态及其疏导 [①]

近年来，以年均 29% 速度递增的环境维权群体事件"茁壮成长"为别具一格的社会抗议活动。从沿海城市厦门、大连到内陆城市成都、

---

① 此文发表于 2015 年第 5 期《中国党政干部论坛》。

昆明，从通衢大埠到蕞尔县城，环境维权群体事件跨越大江南北、长城内外，成为中国社会治理的新挑战。

不同于聚焦某一特定社会群体如失地农民、下岗工人的群体事件，环境维权群体事件融合不同社会阶层，参与者众，影响力广，"容易产生普遍恐慌和社会事件，在网上形成轰动性事件和社会舆论可能性大"。[1] 环境问题与民众切身利益相关，具有潜在的大范围社会动员能量。"轰动性事件和社会舆论"发展到一定程度，环境维权由鼠标飞舞的"线上"转入脚踏实地的"线下"，大规模环境维权群体事件蓄势待发。

"维权意识不是老百姓与生俱来的，是这几年快速增长的，我们必须对这种快速增长有一个准确的估计。"[2] 处于工业化、城镇化进程中的中国，环境维权群体事件的数量、规模将在未来一段时间高位运行。外因通过内因而起作用。环境维权者的心态是促发大规模环境维权群体事件的心理温床。环境维权者心态暗含的社会行为指向及其负面效应，值得我们认真研判。

（一）环境维权者心态之一：我是受害者

在环境维权群体事件中，不少环境维权者秉持强烈的受害者心

①②　李培林：《社会治理与社会体制改革》，《国家行政学院学报》，2014 年第 4 期。

态——相关建设破土动工后，我将是这一建设的受害者，而非利益攸关的受益者。这样一种心态广泛弥漫，有深厚的现实基础。从风险释放的角度而言，诸如化工厂、垃圾处理厂之类的建设确实会带来一定的环境风险。这种风险直接威胁民众的健康乃至生命，使人们的不安全感相辅相成，如影随形。相关建设动工的消息传开后，往往一石激起千层浪，民众的受害者心态由近及远，一轮一轮向外扩散传染，影响范围远远超过非法拆迁、劳资纠纷等群体事件激荡而起的人群。今日中国，一则关于化工厂、垃圾处理厂将要兴建的消息影响数十万甚至上百万民众。一座城市中有如此多不分贫贱富贵、男女老少的民众因此聚集成群，他们在网络、手机等新媒体空间不断释放交锋性话题，渲染相关建设的负面效应。受害者心态促使这些平日在惯常生产、生活轨道上周转的民众带着浓厚的对立情绪传递不安，发泄不满，形成一边倒的舆论声浪。环境维权者仿佛抢占高高在上的道德制高点，越来越理直气壮、振振有词。

受害者心态蔓延，民众感觉自身很无辜，拒绝反省自己应该承担的环境责任，放弃对自我的认真反省，比如，莫以善小而不为；环境问题很大程度上缘于人们周而复始的平常行为——从大手大脚到随手制造垃圾，从广泛使用一次性塑料袋到人走灯不灭，凡此种种，不一而足。民众环境维权，总倾向于把自己当作受害者，忽视了自己也应该是环境责任的践行者、担当者。

在这样一种由受害者心态渲染而起的舆论喧哗中，环境维权者带有稠密的对立色彩和"站队意识"：我们必须团结起来，一致对外，向那些"施害者"抗争。这种隐含的对立假设将环境维权者放置于社会冲突的前沿地带，"污染者的利益、受害者的利益和拯救者的利益相互抵触"，[①] 错综复杂，牵一发而动全身。环境维权者在受害者心态裹挟下焦虑、恐慌，在相互依偎取暖中突破孤单个体的恐惧，集体走上街头，容易出现种种非理性行为。

（二）环境维权者心态之二：项目建设必有利益输出

为了在单位时间追求显而易见的 GDP，一些地方与追求利润的企业结成或显或隐的利益同盟。地方政府或绕过环评体系，另辟蹊径，或有意降低环保门槛，为有可能带来污染却能促进当地税收的项目大开方便之门。在这样一种认知框架下，环境维权者以"项目建设必有利益输出"的心态看待项目建设。无论地方政府如何苦口婆心地解释项目将在多大程度上促进当地经济发展，为当地民生事业所必需，环境维权者仍坚持认为这项建设的背后必有某种形式的利益输出、利益交换。这种认知在我们这样一个众声喧哗的时代往往能赢得广泛一致的情感共鸣。

---

① （德）乌尔里希·贝克著，吴英姿、孙淑敏译：《世界风险社会》，第134页，南京大学出版社，2004。

思想观念是人们现实行动的先导。在"受害者"心态和"项目建设必有利益输出"心态双重夹击下，环境维权者见山不是山，见水不是水，臆想存在一个剥夺自身利益的同盟。他们认定项目之所以在该地落户，除了企业资本难以遏制的逐利本能外，还与千丝万缕的政商利益同盟有关。职是之故，环境维权者往往将"维权的矛头"指向地方政府，而非相关企业，他们喜欢给这样的政商利益同盟贴上各种各样的标签，在网上或街谈巷议中充斥各种情绪发泄，辅以制造群体事件对地方政府施压，其中暗含的官民关系紧张及种种潜在的社会风险，值得我们警惕。

（三）环境维权者心态之三：维权要闹一闹

正处于社会转型期、矛盾凸显期的当代中国，环境维权群体事件不可避免在一定范围大量涌现。从积极方面言之，民众的环境维权，张弛有度，合情合理合法，是推动中国可持续发展的积极力量。然而，现实的情景是，许多民众抱着"不闹不解决、小闹小解决、大闹大解决"的心态，一而再，再而三地将环境维权群体事件"闹大"，从原先居于一隅的地方事件上升为影响力广的全国性事件，引发全国媒体的跟踪报道，获得轰动效应。众目睽睽、大庭广众之下，地方政府面临巨大的"维稳"压力，只得以项目缓建或迁移他处作为一时的解决之计。表面上看，地方政府与民众达成妥协，环境维权群体事件得到阶段性平息。

事情有大道理，也有小道理，有一时一地的治标之策，也有放眼长远的治本之计。地方政府采用的处理模式，在某种程度上，成为一种得不偿失的负面诱导。首先，唯有把事情"闹大""会哭的孩子有奶吃"，环境维权者方能达到一定目的，这种"闹"而非双方坐下来谈判，被一些人奉为屡试不爽的金科玉律。其隐含的潜在假设是，环境维权者小打小闹，地方政府大事化小，小事化了，甚至不了了之。在这样一种心态作用下，环境维权群体事件往往越闹越大，越闹越难以收拾。

其次，政府"花钱买平安"，息事宁人，打乱政府行政秩序。就现有情况看，环境维权群体事件"一闹就停"，一闹就得其所愿。公开化的抗争行动引发大量民众集体上街表达诉求，敦促地方政府出面解决问题。这一社会抗议活动拥有广泛的群众基础，各种力量"各显神通"。面对街头上潮水般呼啸而来的群众力量，地方政府"硬办法不敢用，软办法不顶用"，只能采取治标而不治本的权宜之计，有可能陷入"一闹就维稳"的"维稳异化"，如此反复再三，造成宝贵的政府权威流失。

最后，这种处理方式放大了民众的"攀比心态"，加剧以后的环境维权群体事件处置难度。环境维权群体事件，民众通过口耳相传及手机、网络等新媒体空间自下而上，由地方到全国"闹大"。事情的解决往往借助某种更高层级的行政力量自上而下。在多种压力（如某位高层领导重视、领导批示、媒体曝光）作用下，地方政府采取的措施多以临时性、救急式、救火式的居多，无形中催生了民众的"攀比心态"，凡此种种增大了环境维权群体事件的风险和不确定性，地方政府的处置难度随之水涨船高。

（四）积极疏导环境维权者三种心态

在民众环境维权意识日益增强的今天，环境维权群体事件释放出巨大的社会动员能量。环境维权者三种心态，是环境维权群体事件酝酿发展的心理基础，它如同一双双看不见的手，影响每位环境维权者的价值取向、行为方式，塑造环境维权群体事件的运行态势。

社会心态是社会集体行为的温床。有效疏导环境维权者三种心态是综合的系统工程。首先，每位公民在享受现代社会相关便利的同时，必须切实担负自己的环境责任，切莫一味放大"受害者"心态。"行有不得，反求诸己"，从自身做起，从点滴做起。政府和企业通过多种形式凝练与民众相关的利益交汇点，以为民众创造更多就业岗位为切入口，将环境维权者"我是受害者"心态消弭于无形。

其次，公开消除"项目建设必有利益输出"的错误认识和心态，"公开是常态，不公开是例外"，不断拓宽工程项目关键领域、重点环节阳光操作的深度、广度。以公开为突破口，保障各项权力在阳光下运行，增强相关人员自我约束、自我规范，最大限度地挤压个别人利用工程寻租的空间。阳光操作打开权力封闭运行的"黑箱"，有助于消除环境维权者"项目建设必有利益输出"这一心态。

最后，"法无禁止即可为"，但是，个别人在环境维权中兴风作浪，煽风点火，"醉翁之意不在酒"，严重冲击社会秩序。为此，必须多管齐下，多措并举，促进民众环境维权规范有序。与此同时，政府完善工作机制，拓宽民众环境维权渠道，"有事好商量"，众人的事情由众人商量，促使民众从"维权要闹一闹"向"坐下来商量"方向转变。

六、三条控制线优化国土空间格局 ①

国土是生态文明建设的载体，也是中华民族永续发展的物质基础。党的十九大报告提出："完成生态保护红线、永久基本农田、城镇开发边界三条控制线划定工作。"习近平总书记在深入推动长江经济带发展座谈会上强调，抓紧完成长江经济带生态保护红线、永久基本农田、城镇开发边界三条控制线划定工作，科学谋划国土空间开发保护格局。三

---

① 此文发表于 2018 年 8 月 22 日的《光明日报》。

条控制线旨在处理好生态、生产、生活的空间格局，实现生态空间山清水秀，生产空间集约高效，生活空间宜居适度。要按照人口资源环境相均衡、经济社会生态效益相统一的原则，统筹三条控制线划定工作，充分发挥国土规划的"底盘"作用，优化中华民族的可持续发展能力，为美丽中国建设提供有力保障。

（一）生态保护红线守护绿水青山

稳定健康的生态系统滋养丰饶的生命，对一个民族的生存发展至关重要。习近平总书记在党的十九大报告中指出："我们要建设的现代化是人与自然和谐共生的现代化，既要创造更多物质财富和精神财富以满足人民日益增长的美好生活需要，也要提供更多优质生态产品以满足人民日益增长的优美生态环境需要。"沁人心脾的空气、清澈洁净的河流、苍翠茂盛的森林、浩瀚壮丽的国家公园等良好的生态产品，涵盖人民美好生活的方方面面。

生态空间是优质生态产品的原产地。保住绿水青山要抓源头，形成内生动力机制。应识别事关生态安全的重要区域，以生态安全屏障和大江大河水系为骨架，以重点生态功能区为支撑，保护好具有水土涵养、生物多样性庇护、防风固沙、海岸生态稳定等功能的区域。统筹山水林田湖草自然生态的完整性、系统性，结合山脉、河流、森林、耕地、湖泊、草原等生态群落边界以及生态廊道的连通性，合理划定生态保护红线，做到应保尽保。

"万物各得其和以生，各得其养以成"。生态保护红线是保障和维护国家生态安全的底线与生命线。我们要像保护眼睛一样保护生态环境，像对待生命一样对待生态环境，形成生态系统保护的实体边界，使其成为生态保护的"高压线"，还自然以宁静、和谐、美丽，给自然留下更多修复空间，给子孙后代留下天蓝、地绿、水净的美好家园。

（二）永久基本农田夯实国家粮食安全

习近平总书记指出，解决好十几亿人口的吃饭问题，始终是我们党治国理政的头等大事。当前，伴随一些城镇的迅猛扩张，大量优质耕地流失。值得注意的是，我国人多地少、耕地后备资源不足的环境约束没有变，"人的命脉在田"这一客观规律没有变，"中国人的饭碗任何时候都要牢牢端在自己手上"这一战略要求也没有变。

万物土中生，有土斯有粮。历经数十年甚至上百年演化的永久基本农田，形成与各自环境平衡共存的复杂生态群落，是耕地中的优质精华资源，也是实现"两个一百年"奋斗目标和中华民族伟大复兴中国梦的土地资源支撑。

做好永久基本农田划定工作是确保国家粮食安全的内在要求，是实施乡村振兴战略，推进生态文明建设的应有之义。要划定并守住永久基本农田控制线，扎紧耕地保护的"篱笆"，采取经济、法律、技术等多重手段，确保管得住、建得好、守得牢，将良田沃土留给子孙后代。要在夯实永久基本农田特殊保护格局的基础上，维持与培育健康的土壤，致力于提升农业的可持续发展能力，确保人民吃得饱、吃得好。

（三）城镇开发边界把城镇融入自然

国土空间是相互影响、相互作用的整体。这种相互关系意味着我们为保障其中一方所付出的努力会影响其他几方所提供的生态服务。例如，粮食、蔬菜、水果之类的有形生态产品可以长距离运输，但生态系统提供的无形生态产品，如水土涵养、净化空气则无法搬运。我们要认识到，在有限的空间内，如果建设空间大了，绿色空间就少了，自然系统自我循环和净化能力就会下降，区域生态环境和城市人居环境就会变差。因此，要根据城市情况有区别地划定开发边界，特大城市、超大城市要划定永久性开发边界。

城镇不仅要追求经济目标，还要追求生态目标，实现人与自然和谐共生。强化尊重自然、绿色低碳理念，将环境容量作为确定城镇规模的基本依据，做好治山理水、显山露水的文章，在城镇周边留下充足的生态空间，承担米袋子、菜篮子、果盘子等功能。城镇居民购买当地食物便利、新鲜，也能减少食物长途运输产生的碳排放。完成城镇开发边界划定工作，是防止城镇无序蔓延，促进城镇紧凑布局、集约发展的倒逼机制，是优化城镇布局、盘活存量建设用地、促进城镇转型发展的有效途径。要依托现有山水脉络等独特风光，把城镇融入大自然，让居民望得见山、看得见水、记得住乡愁。

参考文献

[1] 爱德华·格莱泽. 城市的胜利[M]. 刘润泉，译. 上海：上海社会科学院出版社，2012.

[2] 彼得·泰勒-顾柏，詹斯·O. 金. 社会科学中的风险研究[M]. 黄觉，译. 北京：中国劳动社会保障出版社，2010.

[3] 曹林. PX项目不该成一道无解的题[N]. 中国青年报，2013-05-15.

[4] 陈昌曙. 哲学视野中的可持续发展[M]. 北京：中国社会科学出版社，2000.

[5] 董峻，等. 开创生态文明建设新局面——党的十八大以来以习近平同志为核心的党中央引领生态文明建设纪实[N]. 人民日报，2017-08-03.

[6] 董克用. 优化政府服务的五大要点[J]. 国家行政学院学报，2015（4）：9-11.

[7] 窦玉沛. 从社会管理到社会治理：理论和实践的重大创新[J]. 行政管理改革，2014（4）：20-25.

[8] 杜燕飞. 还原PX真相二：中国PX完全依靠进口或丧失话语权[N]. 人民日报，2014-04-10.

[9]   恩格斯. 自然辩证法[M]. 中共中央马克思恩格斯列宁斯大林著作编译局，译. 北京：人民出版社，2018.

[10]   费孝通. 乡土中国[M]. 北京：北京大学出版社，2012.

[11]   冯天瑜. 人文论丛（2003年卷）[M]. 武汉：武汉大学出版社，2003.

[12]   冯天瑜. 中国文化近代转型管窥[M]. 北京：商务印书馆，2010.

[13]   高胜科. 武汉垃圾焚烧冲突[J]. 财经，2014（10）.

[14]   郭薇，姚伊乐. 无锡垃圾处理迷局调查：巨资兴建的垃圾焚烧厂为何闲置？[N]. 中国环境报，2014-07-03.

[15]   洪大用. 环境社会学的研究与反思[J]. 思想战线，2014（4）.

[16]   亨利·基辛格. 世界秩序[M]. 胡利平，林华，曹爱菊，译. 北京：中信出版社，2015。

[17]   江柳依. 捍卫科学是一种担当[N]. 人民日报，2014-04-07.

[18]   巨力. 生态文明的中国道路[J]. 求是，2019（21）.

[19]   凯斯·R. 孙斯坦. 风险与理性——安全、法律及环境[M]. 师帅，译. 北京：中国政法大学出版社，2005.

[20]   克莱夫·庞廷. 绿色世界史：环境与伟大文明的衰落[M]. 王毅，译. 北京：中国政法大学出版社，2015.

[21]   李菁. 大连福佳PX项目命运记：一座工厂与一个城市的故事[J]. 三联生活周刊，2011（35）.

[22] 李敏. 城市化进程中邻避危机的公民参与[J]. 东南学术，2013（2）：146-152.

[23] 李培林. 社会治理与社会体制改革[J]. 国家行政学院学报，2014（4）：8-10.

[24] 李培林. 坚持在发展中保障和改善民生[J]. 求是，2018（3）.

[25] 李培林. 加强群体性事件的研究和治理[N]. 中国社会科学报，2011-02-09.

[26] 李培林. 社会改革与社会治理[M]. 北京：社会科学文献出版社，2014.

[27] 李强. 社会分层十讲[M]. 北京：社会科学文献出版社，2008.

[28] 李瑞环. 学哲学 用哲学[M]. 北京：中国人民大学出版社，2006.

[29] 李拯. 以更细致工作化解PX焦虑[N]. 人民日报，2014-04-02.

[30] 李烈满. "不简单以GDP论英雄"——选人用人的鲜明导向[J]. 中国党政干部论坛，2014（1）：10-12.

[31] 联合国环境规划署. 全球环境展望4：旨在发展的环境[M]. 北京：中国环境科学出版社，2008.

[32] 廖王晶，潘枫. 好水好空气为生态企业铸就"金饭碗"[N]. 处州日报，2018-09-12.

[33] 刘世锦. 实现转型再平衡要"过三关"[J]. 国家行政学院学报，2015（5）：5-11.

[34] 陆娅楠. 中国经济发展韧性十足[N]. 人民日报, 2019-05-07.

[35] 马克思. 资本论（第一卷）[M]. 中共中央马克思恩格斯列宁斯大林
著作编译局, 译. 北京：人民出版社, 1972.

[36] 马利. 做好网上舆论工作的时代指引[N]. 人民日报, 2013-11-27.

[37] 茂名市人民政府. 茂名市人民政府告全体市民书[N]. 茂名日报,
2014-03-31.

[38] 尼克·皮金, 罗杰·E. 卡斯帕森, 保罗·斯洛维奇. 风险的社会放
大[M]. 谭宏凯, 译. 北京：中国劳动社会保障出版社, 2010.

[39] 诺姆·克里斯滕森. 环境与你[M]. 谢绍东, 李亚琦, 等译. 北京：
电子工业出版社, 2017.

[40] 欧文·戈夫曼. 污名：受损身份管理札记[M]. 宋立宏, 译. 北京：
商务印书馆, 2009.

[41] 萨缪尔·P. 亨廷顿. 变化社会中的政治秩序[M]. 王冠华, 等译. 上
海：上海人民出版社, 2015.

[42] 潘家华. 中国的环境治理与生态建设[M]. 北京：中国社会科学出版
社, 2015.

[43] 潘岳. 和谐社会目标下的环境友好型社会[J]. 资源与人居环境,
2008（7）：60-63.

[44] 秦刚. 中国特色社会主义制度的比较优势[J]. 中共中央党校学报,
2015, 19（6）：29-34.

[45] 任仲平. 生态文明的中国觉醒[N]. 人民日报，2013-07-22.

[46] 上官敫铭. 厦门人反PX之战环保旗帜下的民意胜利[N]. 南方都市报，2007-12-25.

[47] 沈小根. 万幸，不能侥幸[N]. 人民日报，2013-07-30.

[48] 沈小根. PX产业，我们可以不发展吗？[N]. 人民日报，2013-07-30.

[49] 孙秀艳. 为环境维权打开门环保法庭要让百姓免费打官司[N]. 人民日报，2011-02-17.

[50] 邵瑜. 南京建垃圾发电厂引周边居民不满[N]. 现代快报，2007-03-29.

[51] 世界银行. 2014年世界发展报告——风险与机会：管理风险 促进发展[M]. 胡光宇，赵冰，等译. 北京：清华大学出版社，2015.

[52] 苏永通. 厦门PX后传"隐姓埋名"进漳州[N]. 南方周末，2009-02-05.

[53] 汤姆·斯丹迪奇. 从莎草纸到互联网——社交媒体2000年[M]. 林华，译. 北京：中信出版社，2015.

[54] 陶文昭. 重视互联网的意见领袖[J]. 中国党政干部论坛，2007（10）：27-29.

[55] 托克维尔. 论美国的民主（下卷）[M]. 董果良，译. 北京：商务印书馆，1998.

[56] 汪志球，黄娴，程焕. 贵阳 绿色新路助力后发赶超[N]. 人民日报，2018-10-25.

[57] 王尔敏. 先民的智慧：中国古代天人合一的经验[M]. 北京：广西师范大学出版社，2008.

[58] 威廉·麦克唐纳，迈克尔·布朗嘉特. 从摇篮到摇篮：循环经济设计之探索[M]. 中国21世纪议程管理中心，中美可持续发展中心，译. 上海：同济大学出版社，2005.

[59] 乌尔里希·贝克. 从工业社会到风险社会——关于人类生存、社会结构和生态启蒙等问题的思考（上篇）[J]. 王武龙，译. 马克思主义与现实，2003（3）：26-45.

[60] 谢俊贵. 当代社会变迁之技术逻辑——卡斯特尔网络社会理论述评[J]. 学术界，2002（4）：191-203.

[61] 新京报社论. 如何才能避免下一次"PX 事件"[N]. 新京报，2012-10-30.

[62] 雪莉·特克尔. 群体性孤独[M]. 周逵，刘菁荆，译. 杭州：浙江人民出版社，2014.

[63] 约翰·费斯克. 关键概念：传播与文化研究辞典[M]. 李彬，译. 北京：新华出版社，2004.

[64] 约翰·R.麦克尼尔. 太阳底下的新鲜事：20世纪人与环境的全球互动[M]. 李芬芳，译. 北京：中信出版社，2017.

[65] 张姝欣. 宁吉喆：我们拥有联合国产业分类中全部工业门类[N]. 新京报，2019-09-24.

[66] 张翼. 社会治理：新思维与新实践[M]. 北京：社会科学文献出版社，2014.

[67] 张昱，杨彩云. 泛污名化：风险社会信任危机的一种表征[J]. 河北学刊，2013，33（2）：117-122.

[68] 张玉林. 政经一体化开发机制与中国农村的环境冲突[J]. 探索与争鸣，2006（5）：26-28.

[69] 珍妮·X. 卡斯帕森，罗杰·E. 卡斯帕森. 风险的社会视野：公众、风险沟通及风险的社会放大（上）[M]. 童蕴芝，译. 北京：中国劳动社会保障出版社，2010.

[70] 珍妮·X. 卡斯帕森，罗杰·E. 卡斯帕森. 风险的社会视野：风险分析、合作以及风险全球化（下）[M]. 李楠，何欢，译. 北京：中国劳动社会保障出版社，2010.

[71] 中共生态环境部党组. 以习近平生态文明思想为指导 坚决打好打胜污染防治攻坚战[J]. 中国生态文明，2018（3）：15-18.

[72] 中共中央马克思恩格斯列宁斯大林著作编译局. 马克思恩格斯文集[M]. 北京：人民出版社，2009.

[73] 中共中央党史研究室. 中国共产党历史：第二卷（1949—1978）上册[M]. 北京：中共党史出版社，2011.

[74] 中共中央党史研究室. 中国共产党历史：第二卷（1949—1978）下册[M]. 北京：中共党史出版社，2011.

[75] 周清树. 茂名PX事件前30天还原：政府宣传存瑕疵激化矛盾[N].

新京报，2014-04-05.

[76] 竹立家. 直面风险社会[M]. 北京：电子工业出版社，2013.

致　　谢

　　清楚地记得，2015年初夏的一个下午，我在办公室。

　　一位校友从渤海之滨发来短信，祝贺国家社科基金项目申报成功。这位校友乃四川人，以前在国有企业工作，因热爱学术研究，辞职考取研究生。校友与我同饮一江水，平日切磋甚多。当时，我有几分不相信。国家社科基金项目的含金量和申报难度，众所周知。申报这一项目，我只是抱着试试看的心态，没抱多大希望。

　　直到现在，我也不知道当时的评委老师是谁。

　　人生天地间，白驹过隙。我必须向这些至今尚未谋面的评委老师说声谢谢。这是一份难得的信任和嘱托！由此推而广之，想起自己为学之路，一路酸甜苦辣、千山万水。人生百味，偶有突如其来的勉励，让人倍感珍惜。

　　5年多的时间，于人的一生而言，不算短暂。自己天资愚钝，相信勤能补拙，总想把课题做好。只是，完美于我而言，可望而不可即。作为家中唯一的儿子，承担两位年近 80 岁老人的赡养义务，义不容辞。一年 365 天，柴米油盐酱醋茶，周而复始，不可避免要挤占课题研究时间。

作为一名老师，我也承担本科生、研究生教学工作以及班主任工作。教书育人是不折不扣的良心事业，尤其在"就业难"的今天，总想多尽一份力量，为学生多做一点儿力所能及的事情。我总是勉励自己，一个学生的背后就是一个家庭。学生健康成长，善莫大焉。希望他们能把学习学得更好一些，论文写得更详尽一些，工作能早点儿落实，于是，在无数个"好"一些的期盼中，教书育人就成为一项永不停滞的现在进行时。没有最好，只有更好。就在 2020 年 5 月 21 日下午，一位应届研究生告诉我，就业三方协议即将签署，工作落实。

充沛时间是做好课题研究的重要支撑。由于种种原因，难以抽出大块完整时间对这个课题一鼓作气。课题研究时断时续，有时刚刚凝练思路，就冗务缠身。有的时候正准备写作，教学工作又要展开。思路不能一以贯之，有很多不尽如人意之处。2020 年，庚子年，不同寻常。新冠肺炎疫情期间，我一边和在湖北的亲朋好友同学交流，希望疫情早点结束；一边在照顾家人间隙中，修改完善国家社科基金项目结题报告。有时想想，人的一生，总有一些责任，也总有身不由己。大概，这就是人之常态吧！

课题研究过程中，得到许多同人的帮助。一些研究成果，发表在《国家行政学院学报》《社会科学辑刊》《晋中学院学报》《贵阳学院学报》等刊物，编辑部的老师学品、人品俱佳，诲人不倦、认真负责，为论文修改提出很好的建议，为论文发表付出大量心血。在此，向编辑老师说声谢谢！

该书中的部分章节，从已经发表的文章扩充而来。众所周知，现在学术期刊版面稀缺，出版周期较长。囿于有限的杂志版面，已经发表的文章大多篇幅不长。有的5000多字，有的八九千字。此次修改完善国家社科基金项目结题报告，因为没有文章版面的局限，部分章节大幅扩充研究内容，力争行文更加从容一些，论述更加充分一些，为广大读者提供更多便利。

还有一些文章，发表在《学习时报》《光明日报》《中国党政干部论坛》等报刊。这些文章，被学术期刊、网站全文转载。有的文章，如《三条控制线优化国土空间格局》获全国哲学社会科学办公室全文转载，产生较好的社会反响。这些与课题研究紧密相关的文章，此次也作为附录集中收入。

风雨故人来，学问之路漫漫。许多老师、朋友、同学在课题调研期间为我提供大量力所能及的帮助。有的朋友主动陪我实地踏访一些环境污染型工程项目，使我百闻不如一见。有的老师和同学帮我查找外文资料及古文文献，激励我孜孜不倦深入研究。一些同学，在我外地调研期间，二话不说，帮我接送老人。老师、朋友、同学的善意，点点滴滴，汇流成河。

生也有涯，无涯惟智。个人水平能力十分有限，不足之处在所难免。希望结题报告能得到广大读者的批评指正，我会继续努力，使其尽善尽美。

2020 年 5 月 22 日于北京